AF452081

PAR UNE SOCIÉTÉ DE SAVANS

ET DE GENS DE LETTRES,

Sous les auspices de MM. DE BARANTE, DE BLAINVILLE, BORY DE SAINT-VINCENT, CHAMPOLLION, CORDIER, CUVIER, DEPPING, C. DUPIN, EYRIÈS, DE FÉRUSSAC, DE GÉRANDO, JOMARD, DE JUSSIEU, LAYA, LETRONNE, DE MOLÉON, QUATREMÈRE DE QUINCY, THÉNARD, et autres savans illustres;

ET SOUS LA DIRECTION

DE M. C. BAILLY DE MERLIEUX,

Avocat à la Cour royale de Paris, membre de plusieurs sociétés savantes, auteur de divers ouvrages sur les sciences, etc., etc.

IMPRIMERIE

DE

RUE D'ERFURTH, N° 1, PRÈS L'ABBAYE.

LITHOGRAPHIE

DE

RUE DU FAUBOURG-MONTMARTRE, N° 6,

CITÉ BERGÈRE.

ICONOGRAPHIE

DES

REPTILES,

ou

COLLECTION DE FIGURES

Représentant les Reptiles qui peuvent servir de types pour chaque degré d'organisation et de formes, avec des détails anatomiques,

DESSINÉES SUR PIERRES

Par Mme S. LAMOUROUX et M. GUÉRIN;

ACCOMPAGNÉE D'UNE EXPLICATION DES PLANCHES,

ET FAISANT LE COMPLÉMENT

DU RÉSUMÉ D'ERPÉTOLOGIE,

Par M. le colonel BORY DE SAINT-VINCENT,

Membre correspondant de l'Académie des Sciences, etc.

Il n'est pas de serpent ou de monstre odieux,
Qui, par l'art imité, ne puisse plaire aux yeux.
BOILEAU, *Art poet.*

Paris,

AU BUREAU DE L'ENCYCLOPÉDIE PORTATIVE,
Rue du Jardinet-Saint-André-des-Arts, n° 8:
Et chez BACHELIER, libraire, quai des Augustins, n° 55.

1828

ERRATA.

Planche XIII, fig. 1, au lieu de *Tupinaculées*, lisez *Ouaran* ou *Tupinambis*.

Planche XV, fig. 2, au lieu de *Ameiva*, lisez *Améiva*.

Planche XXXV, au lieu des *Boiguira*, lisez *Boiquira*.

ICONOGRAPHIE

DES

REPTILES.

EXPLICATION

DES

PLANCHES.

~~~~~~

CHÉLONIENS.

PLANCHE Ire.

Squelette de l'Emyde bourbeuse, *Emys lutaria* (*Testudo lutaria* Gmel.). Vu par-dessous, le plastron ayant été enlevé, pour faire comprendre les détails donnés à la page 65. Un quart de grandeur naturelle environ.
~~~~~~

PLANCHE II.

Tortue grecque, *Testudo greca* Gmel. *v.* p. 73. Du tiers de nature.

PLANCHE III, fig. 1.

Emyde écrite, *Emys scripta. v.* p. 75. Du tiers de nature.

Fig. 2.

Emyde clause, *Emys clausa (Testudo clausa* Gmel.). *v.* p. 76. Quart de nature.

PLANCHE IV.

Chélonie Luth, *Chelonia Lyra (Testudo coriacea* Gmel.). *v.* p. 89. Du vingtième de nature.

PLANCHE V.

Chélide Matamata, *Chelis Matamata (Testudo fimbria* Gmel.). *v.* p. 77. Du dixième environ de nature.

PLANCHE VI.

Trionyx du Nil, *Trionyx ægyptiacus (Testudo triunguis* Gmel.). *v.* p. 77. Du sixième ou huitième de nature.

SAURIENS.

PALÉOSAURES.

PLANCHE VII, fig. 1.

Squelette de l'Ichthyosaure commun, *Ichthyosaurus communis*. *v.* p. 85. Du centième de nature.

Fig. 2.

Squelette du PLÉSIOSAURE, *Plesiosaurus antiquus*. *v.* p. 86. D'un deux centième ou deux cent cinquantième de nature environ.

CROCODILIENS.

PLANCHE VIII, fig. 1.

GAVIAL du Gange, *Gavialis gangeticus* (*Lacerta gangetica* Gmel.). *v.* p. 89. D'un quatre-vingt ou centième de nature environ.

Fig. 2.

Le squelette de la tête vue de profil.

PLANCHE IX.

Le CROCODILE de Journu, *Crocodilus Jour-*

nœi. Vingt fois plus petit que nature. *v.* p. 91.

Cet animal n'avait encore été figuré nulle part. Sa patrie nous demeure inconnue.

PLANCHE X.

Le CHAMSÈS, ou CROCODILE vulgaire du Nil, *Crocodilus Chamsès.* De trente à quarante fois plus petit que nature. *v.* p. 91.

PLANCHE XI.

Squelette du CHAMSÈS ou CROCODILE du Nil, servant de type à celui de l'ordre des Sauriens.

PLANCHE XII, fig. 1.

CAIMAN à lunettes, *Aligator Sclerops.* Vingt à trente fois environ plus petit que nature. *v.* p. 95.

Fig. 2.

Les parties antérieures au trait, pour indiquer les plaques nuchales, les cervicales, et les dorsales, dont l'arrangement et la comparaison fournissent chez les Crocodiliens adultes de bons caractères d'espèces.

LACERTIENS.

PLANCHE XIII, fig. 1.

Tupinambis du Nil, ou l'Ouaran. Dix à quinze fois plus petit que nature. *v.* p. 101.

Fig. 2.

La tête un peu plus grosse, vue en dessus pour être comparée avec celle des Crocodiles, qui présentent beaucoup de rapports.

PLANCHE XIV.

Tête du Mosausaure, ou grand Saurien, fossile des carrières de Maëstricht. *v.* p. 50.

PLANCHE XV, fig. 1.

La Dragonne (*Lacerta Dracona* Gmel.). Douze à quinze fois plus petite que nature. *v.* p. 101.

Fig. 2.

L'Améiva (*Lacerta Ameiva* Gmel.). Cinq à six fois plus petit que nature. *v.* p. 102.

GECKOTIENS.

PLANCHE XVI, fig. 1.

Le GECKO des murailles, *Gecko fascicularis*
(*Lacerta mauritanica* et *turcica* Gmel.).
Deux fois environ plus petit que nature.
v. p. 124.

CAMÉLÉONIENS.

Fig. 2.

Le CAMÉLÉON vulgaire, *Cameleo vulgaris*
(*Lacerta africana* Gmel.). Deux ou trois
fois plus petit que nature. *v.* p. 134.

IGUANIENS.

PLANCHE XVII, fig. 1.

CORDYLE du Cap, *Cordylus Capensis (Lacerta
Cordylus* Gmel.). Tiers ou quart de grandeur naturelle. *v.* p. 107.

Fig. 2.

La tête vue en dessus, pour montrer la

disposition des plaques écailleuses qui la recouvrent.

PLANCHE XVIII, fig. 1.

STELLION du Levant, *Stellio orientalis* (*Lacerta Stellio* Gmel.). Un tiers environ de grandeur naturelle. *v.* p. 108.

Fig. 2.

La tête vue en dessus, pour montrer la disposition des écailles qui la recouvrent.

PLANCHE XIX.

AGAME du port Jakson, *Agama Australasica.* D'un tiers environ de grandeur naturelle. *v.* p. 110.

PLANCHE XX.

ANOLIS du Cap, *Anolis Capensis.* Un tiers ou moitié environ de grandeur naturelle. *v.* p. 121.

PLANCHE XXI.

L'IGUANE tuberculeuse, *Iguana tuberculosa* (*Lacerta Iguana* Gmel.). Cinquième ou sixième de grandeur naturelle. *v.* p. 119.

PLANCHE XXII.

BASILIC porte-crête, *Basilicus cristatus* (*Lacerta amboinensis* Gmel.). Cinquième ou sixième de grandeur naturelle. *v.* p. 113.

PLANCHE XXIII.

Squelette du PTÉRODACTYLE, fossile d'Aichteidt, *Pterodactylus antiquus*. Du quart environ de grandeur naturelle. *v.* p. 117.

PLANCHE XXIV.

DRAGON vulgaire, *Draco vulgaris* (*Lacerta Draco* Gmel.). Moitié environ de grandeur naturelle. *v.* p. 114.

GECKOTIENS.

PLANCHE XXV, fig. 1.

PHYLLURE de Cuvier, *Phyllurus Cuverii*. Moitié de grandeur naturelle. *v. p.* 129.

SCINCOÏDIENS.

Fig. 2.

SCINQUE des boutiques, *Scincus officinalis* (*Lacerta Scincus* Gmel.). Du tiers environ de grandeur naturelle. *v.* p. 137.

PLANCHE XXVI, fig. 1.

SEPS proprement dit, *Seps vulgaris* (*Lacerta Chalsides* Gmel.). Tiers de nature. *v.* p. 138.

Fig. 2.

CHALSIDE proprement dit, *Chalsis Cespe-dianus*. Moitié de grandeur naturelle. *v.* p. 139.

PLANCHE XXVII, fig. 1.

CHIROTE mexicain ou le Cannelé, *Chirotes lom-bricalis*. Moitié au plus de nature. *v.* p. 140.

Fig. 2.

HISTÉROPE lépidopode, *Histeropus lepidopo-dus*. De moitié ou du tiers de nature. *v.* p. 142.

OPHIDIENS.

ANGUIS.

PLANCHE XXVIII, fig. 1.

L'ORVET commun, *Anguis fragilis* Gmel. De moitié ou du tiers de grandeur naturelle. Les écailles y ont été représentées un peu trop grandes. *v.* p. 151.

Fig. 2.

L'OPHISURE ventral, *Ophisurus ventralis (Anguis ventralis* Gmel.). Moitié de nature. *v.* p. 152.

SERPENS DOUBLES MARCHEURS.

PLANCHE XXIX, fig. 1.

L'AMPHISBÈNE enfumé, *Amphisbœna fuliginosa* Gmel. Quart de grandeur naturelle environ. *v.* p. 156.

Fig. 2.

Squelette de la tête vue en dessus et de profil.

a. Frontal proprement dit, unique.
bb. Frontaux antérieurs.
cc. Nasaux.
dd. Maxillaires.
e. Pariétal, unique.
f. Occipital, unique.
gg. Jugaux.
h. Intermaxillaire.
ii. Ptérygoïdiens internes.
k. Mâchoire inférieure.

SERPENS VRAIS.

PLANCHE XXX.

Le DEVIN ou BOA Étouffeur, *Boa Constrictor*
Gmel. Vingt à trente fois plus petit que
nature. *v.* p. 161.

PLANCHE XXXI.

Ostéologie de la tête du grand PYTHON de
Java. — Fig. 1 en dessus. — Fig. 2, en
dessous. *v.* p. 169.
aa. Frontaux proprement dits.
bb. Frontaux antérieurs.
cc. Frontaux postérieurs.

dd Surorbitaires.
e. Pariétal, unique.
ff. Mastoïdiens.
g. Occipital supérieur.
ii. Caisses.
kk. Ptérygoïdiens externes.
ll. Ptérygoïdiens internes.
mm. Palatins.
n. Sphénoïde.
o. Vomer.
p. Intermaxillaire.
qq. Maxillaires.
rr. Cornets inférieurs.
ss. Nasaux.
t. Occipital inférieur.
uu. Étrier de l'oreille.
vv. Articulaire de la mâchoire inférieure.

Dans la figure 2 la mâchoire inférieure a été supprimée, pour qu'elle ne cachât aucun détail.

PLANCHE XXXII.

L'ERPÉTON tentaculé, *Erpeton tentaculatus.*
Moitié ou tiers de nature. *v*. p. 176.

PLANCHE XXXIII.

L'ACROCHORDE de Java, *Acrochorda Java-*

nensis (*Anguis* Gmel.). Douze ou quin-
zième de nature. *v.* p. 180.

PLANCHE XXXIV.

Ostéologie de la tête du CROTALE Boiquira,
Crotalus horridus Gmel. *v.* p. 197, fig. 1
de profil, fig. 2 en dessus.
aa. Frontaux proprement dits.
bb. Frontaux antérieurs.
cc. Frontaux postérieurs.
d. Pariétal, unique.
ee. Mastoïdiens.
ff. Caisses.
gg. Ptérygoïdiens externes.
h. Intermaxillaire.
ii. Maxillaires.
kk. Nasaux.
ll. Les crochets à venin.
mm. Dentaire de la mâchoire inférieure.
nn. Articulaire de la mâchoire inférieure.
oo. Ptérygoïdiens internes.

PLANCHE XXXV, fig. 1.

Le CROTALE Drynas, *Crotalus Drynas* Gmel.
Huit à dix fois environ plus petit que na-

ture. On y distingue que des grandes plaques entières règnent jusqu'au-dessous de la queue. *v.* p. 200.

Fig. 2.

Les grelots de la queue, moitié de nature.

PLANCHE XXXVI.

Langaha de Madagascar, *Langaha Madagascariensis.* Quatre ou cinq fois plus petit que nature. *v.* p. 201.

a. Grandes plaques ventrales.

b. Plaques ovales qui font le tour du corselet, comme des anneaux.

c. Extrémité de la queue qui, dépourvue de plaques ou d'anneaux, est couverte de petites écailles, comme le dessus du corps.

PLANCHE XXXVII.

Pélamide large - queue, *Pelamis laticauda* (*Anguis Platurus* Gmel.). Cinq à six fois plus petite que nature. *v.* p. 186.

PLANCHE XXXVIII, fig. 1.

Vipère Naja, *Vipera Naja* (*Coluber Naja*

Gmel.). Quatre ou cinq fois plus petite que nature. *v.* p. 27.

Fig. 2.

La tête vue en dessus pour montrer ses plaques écailleuses et la proportion du renflement du cou.

PLANCHE XXXIX.

La Vipère commune, *Vipera Berus* (*Coluber* Gmel.). Pour montrer les plaques ventrales entières, et les demi-plaques sous la queue, qui, avec les crochets à venin, constituent le genre Vipère. *v.* p. 210. On retrouve la disposition de plaques entières et de demi-plaques dans les couleuvres proprement dites.

PLANCHE XL, fig. 1.

La gueule de la Vipère commune, pour montrer en

a Les crochets à venin isolés ;

b Les dents de la gorge ;

c Celles de la mâchoire inférieure, avec la langue bifide que le vulgaire prend pour un dard venimeux ;

d Le fourreau de la langue.

Fig. 2.

Squelette de la Vipère commune, qui peut être considéré comme type de celui des vrais Serpens.

PLANCHE XLI, fig. 1.

Le CÉRASTE ou SERPENT CORNU, *Vipera Cerastes* (*Coluber* Gmel.). Tiers environ de grandeur naturelle. *v.* p. 214.

Fig. 2.

La tête de face, environ réduite de moitié.

PLANCHE XLII, fig. 1.

Le TYPHLOPS Réseau, *Typhlops reticulata* (*Anguis* Gmel.) Du quart de grandeur naturelle. *V.* p. 157.

Fig. 2.

Le MIGUEL, du genre ROULEAU, *Tortrix maculata* (*Anguis* Gmel.). Moitié de nature. *v.* p. 179.

LÉIODERMES.

PLANCHE XLIII, fig. 1.

Le VISQUEUX, du genre CÆCILIE, *Cœcilia gelatinosa* Gmel. Du tiers de nature. *v.* p. 217.

Fig. 2.

Squelette de la tête en dessus.

Fig. 3.

Squelette de la tête vue de profil.
aa Intermaxillaires et nazaux réunis.
bb Maxillaires recouvrant l'orbite et percés d'un petit trou pour l'œil.
c Frontal, unique.
dd Frontaux antérieurs.
ee Pariétaux.
ff Occipital supérieur.
gg Frontaux postérieurs.

PNEUMOBRANCHES.

PLANCHE XLIV, fig. 1.

SIRÈNE LACERTINE, *Sirena Lacertina* (Mu-

rena Sirena **Gmel.**). Du quart ou du cinquième de grandeur naturelle. *v.* p. 221.

Fig. 2.

La bouche vue de face est ouverte pour
montrer la disposition des dents.

PLANCHE XLV, fig. 1.

Le Protée Anguillar, *Proteus anguinus*. De
moitié ou du tiers de grandeur naturelle.
v. p. 223.
Fig. 2.

Tête d'un des plus grands individus vue
par-dessous.

PLANCHE XLVI, fig. 1.

Empreinte du célèbre Reptile fossile d'OE-
ningen, prise par Scheuchzer pour un An-
tropolithe, et que M. Cuvier a reconnu être
un débris appartenant à quelque espèce du
genre Protée. Réduit au huitième environ
de grandeur naturelle. *v.* p. 223.

Fig. 2.

Squelette d'une tête de Salamandre de

grandeur naturelle, pour montrer l'analo-
gie que présente le Protée de Scheuchzer
avec les Urodèles.

BATRACIENS.

URODÈLES.

PLANCHE XLVII.

Le TRITON à queue plate, vulgairement Salamandre aquatique à crêtes, *Triton palus-
tris* Laurenti (*Lacerta* Gmel.). *v.* p. 231.

Fig. 1.

Le mâle, où les crêtes deviennent plus
grandes et varient au temps des amours.

Fig. 2.

La femelle, qui en est en tout temps dépourvue.

PLANCHE XLVIII.

La grande SALAMANDRE terrestre commune,
Salamandra maculosa Laurenti (*Lacerta
salamandra* Gmel.). Moitié environ de nature. *v.* p. 235.

ANOURES.

PLANCHE XLIX.

Le Pipa, *Pipa Surinamensis (Rana Pipa* Gmel.). Un peu moins du tiers de nature. *v.* p. 240.

PLANCHE L.

Têtard de la Grenouille Jakie de Surinam, *Rana paradoxa* Gmel. Quand les pattes lui poussent, et que la queue ne tardera point à tomber. A peu près de grandeur naturelle. *v.* p. 267.

PLANCHE LI.

Squelette de la Grenouille verte commune, *Rana esculenta* Gmel., type de celui des Batraciens Anoures, où ne se voient pas de côtes, quoiqu'il y existe un sternum. *v.* p.262.

PLANCHE LII.

Rainette verte mâle et femelle durant l'accouplement, *Hyla viridis* (*Rana arborea* Gmel.). Grandeur naturelle. *v.* p. 257.

FIN DE L'ICONOGRAPHIE DES REPTILES.

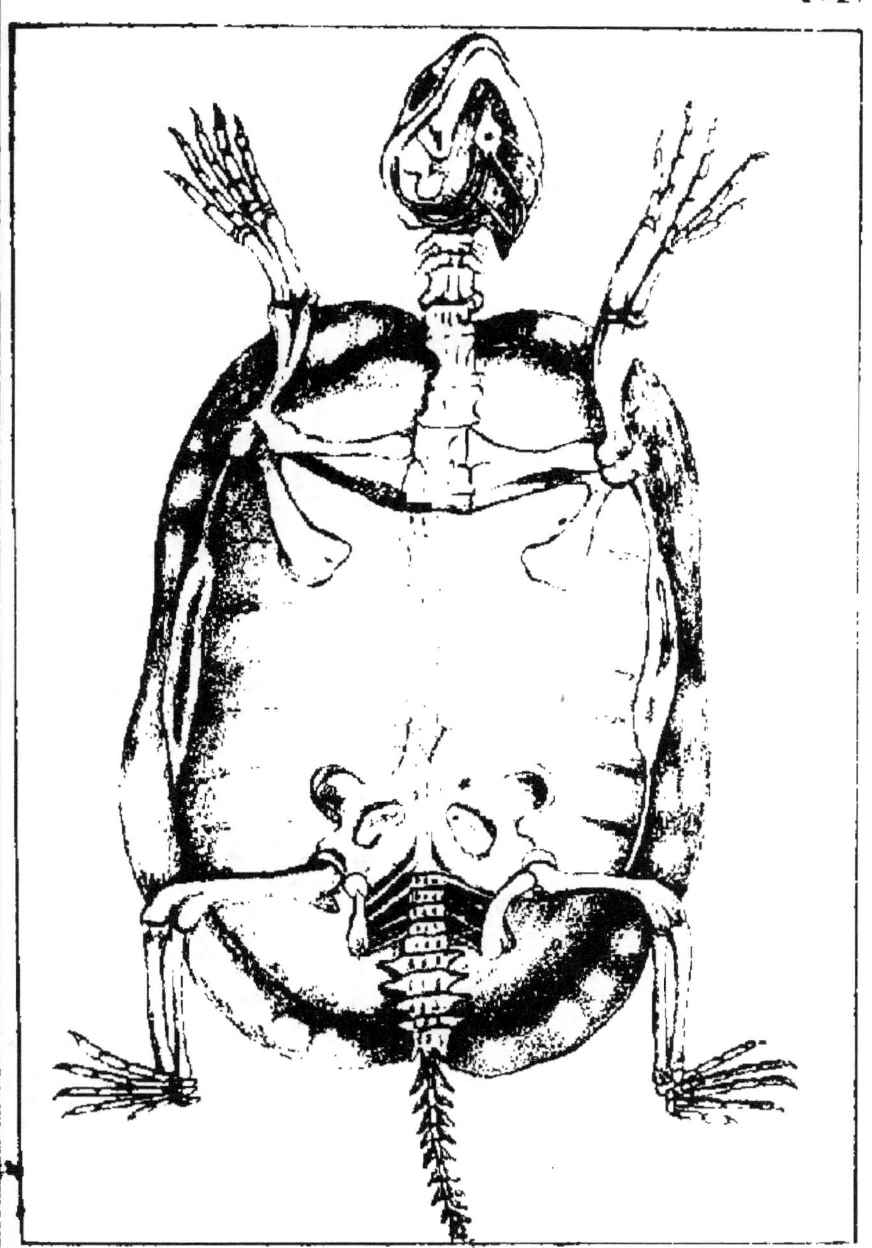

Squelette de tortue.

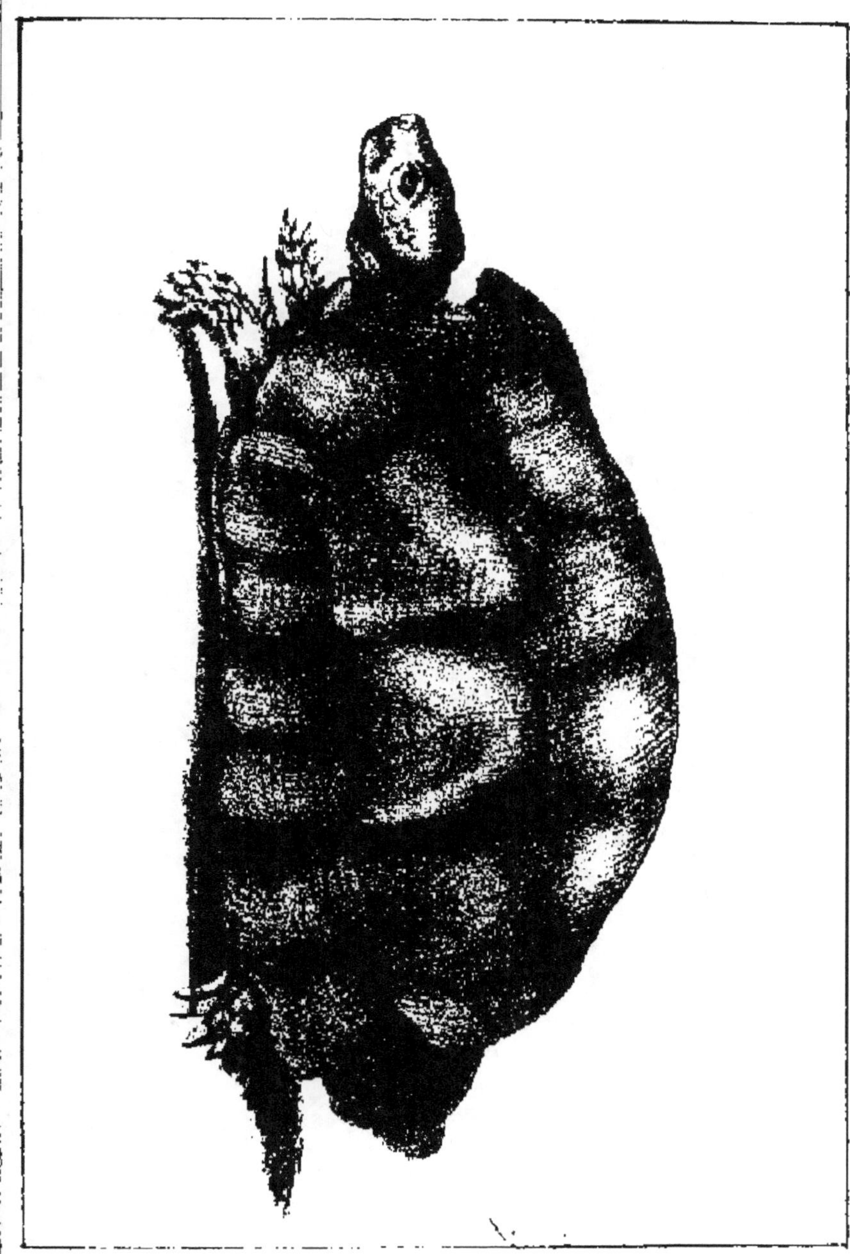

Tortue grecque.

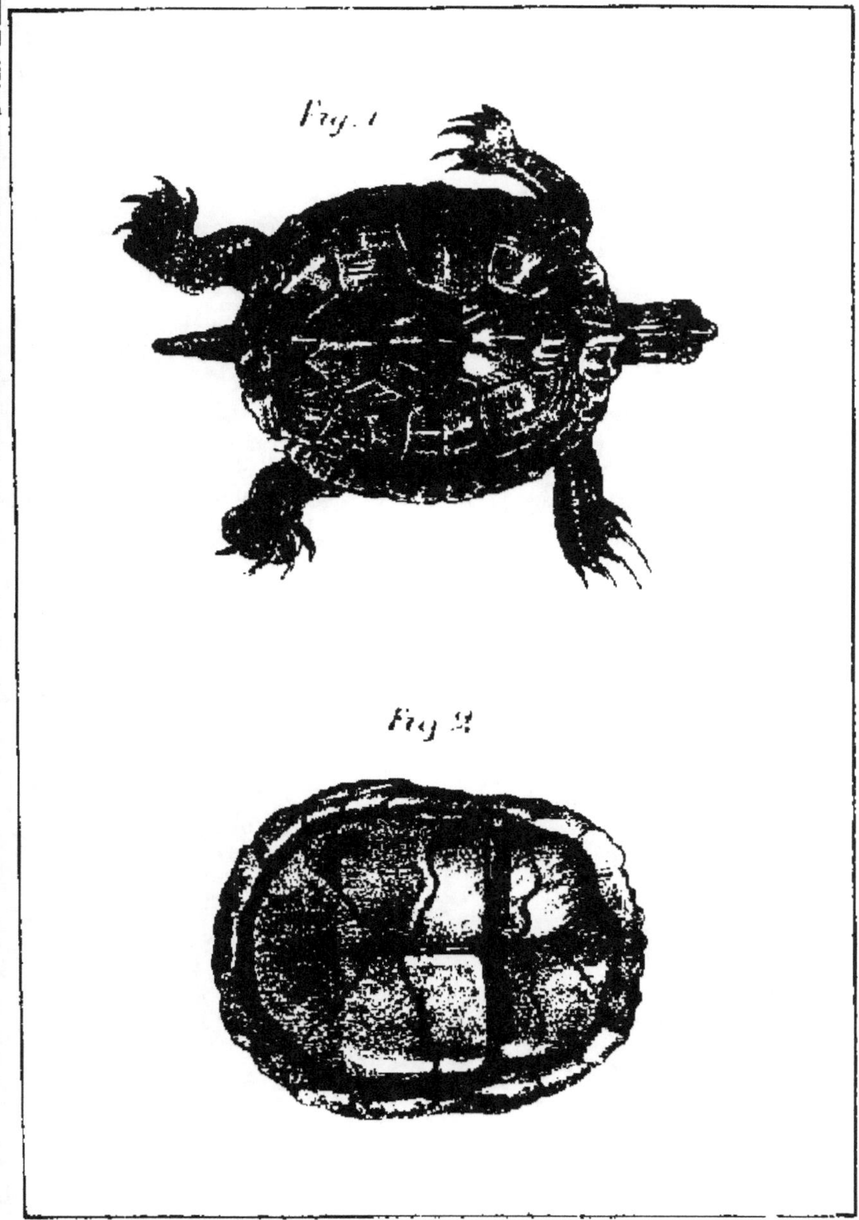

Fig. 1

Fig. 2

Fig 1. Émyde écrite. *Fig 2.* Émyde close.

Chélonie luth.

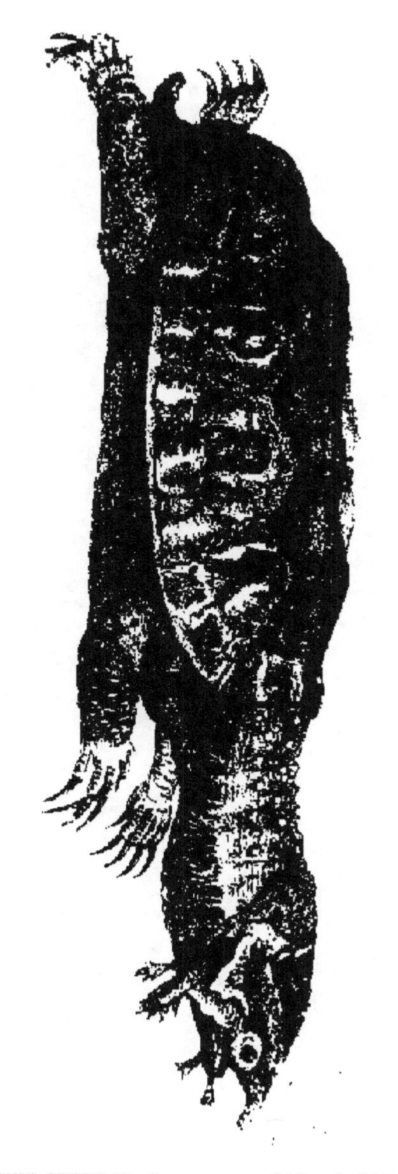

Chélide Matamata.

Chelonée du Nil.

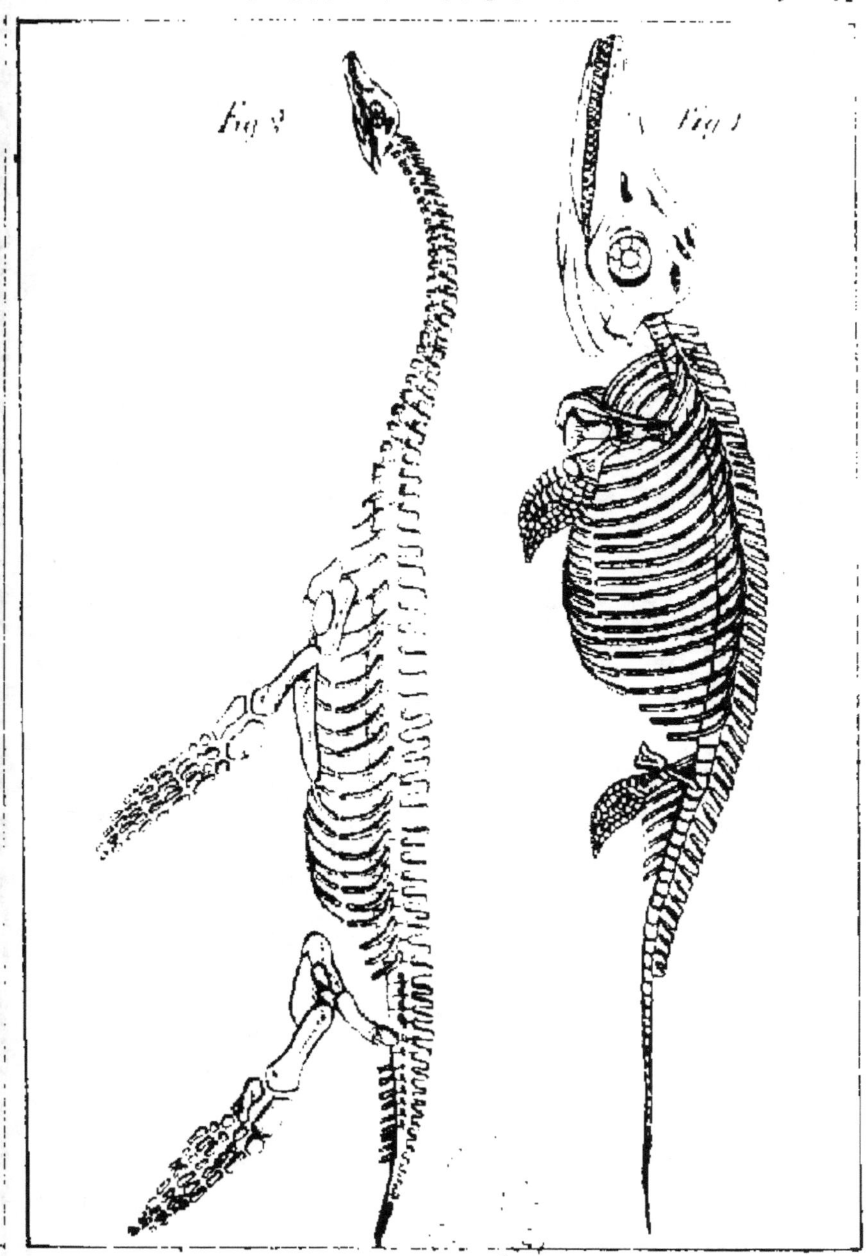

Fig. 2   *Fig. 1*

Fig 1 Ichthyosaure.   *Fig 2* Plésiosaure.

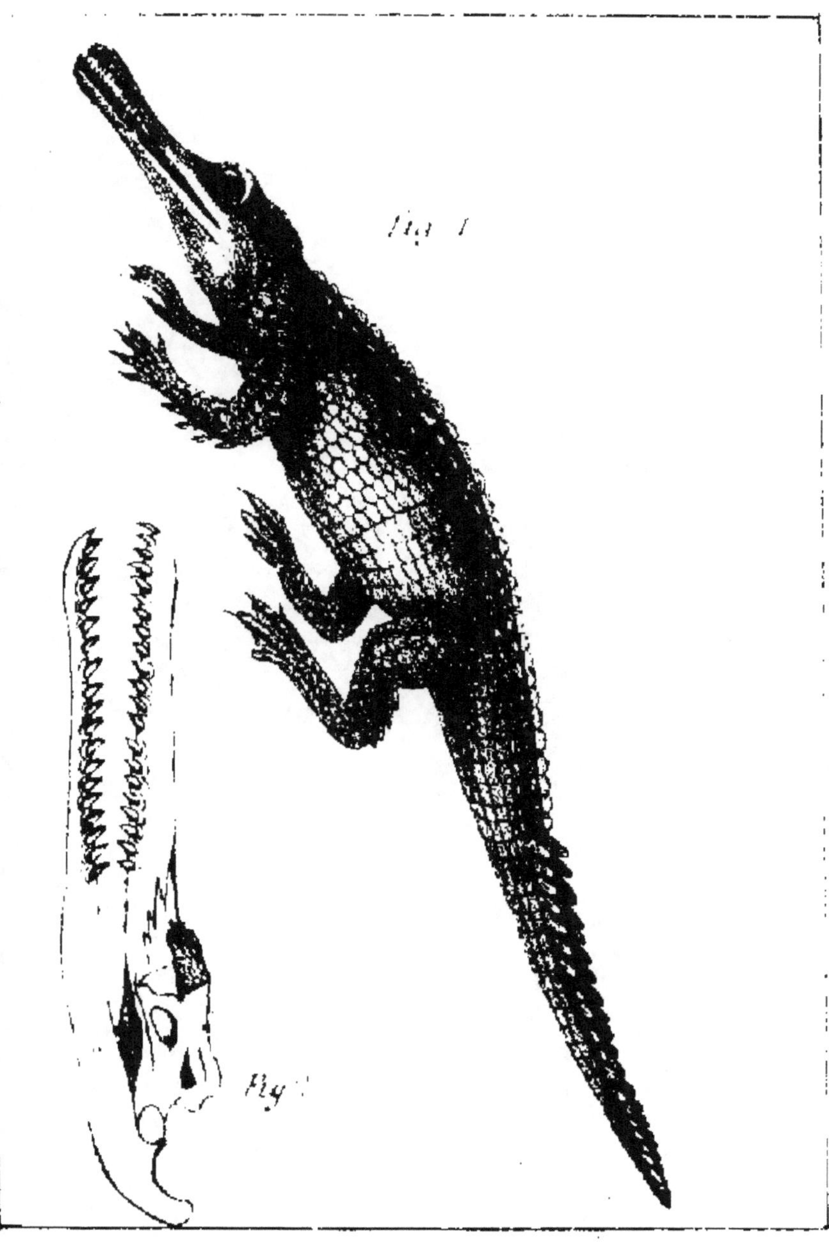

Gavial du Gange

Crocodile de Journu

Crocodile Chamsès.

Squelette de Chamses.

Caïman à lunettes.

L'opinaculées du Nil.

Mososaurus.

fig 1. Dragonne.   *fig 2. st.* Ameiva

Fig.1 Caméléon vulgaire. *Fig.2* Gecko des murailles.

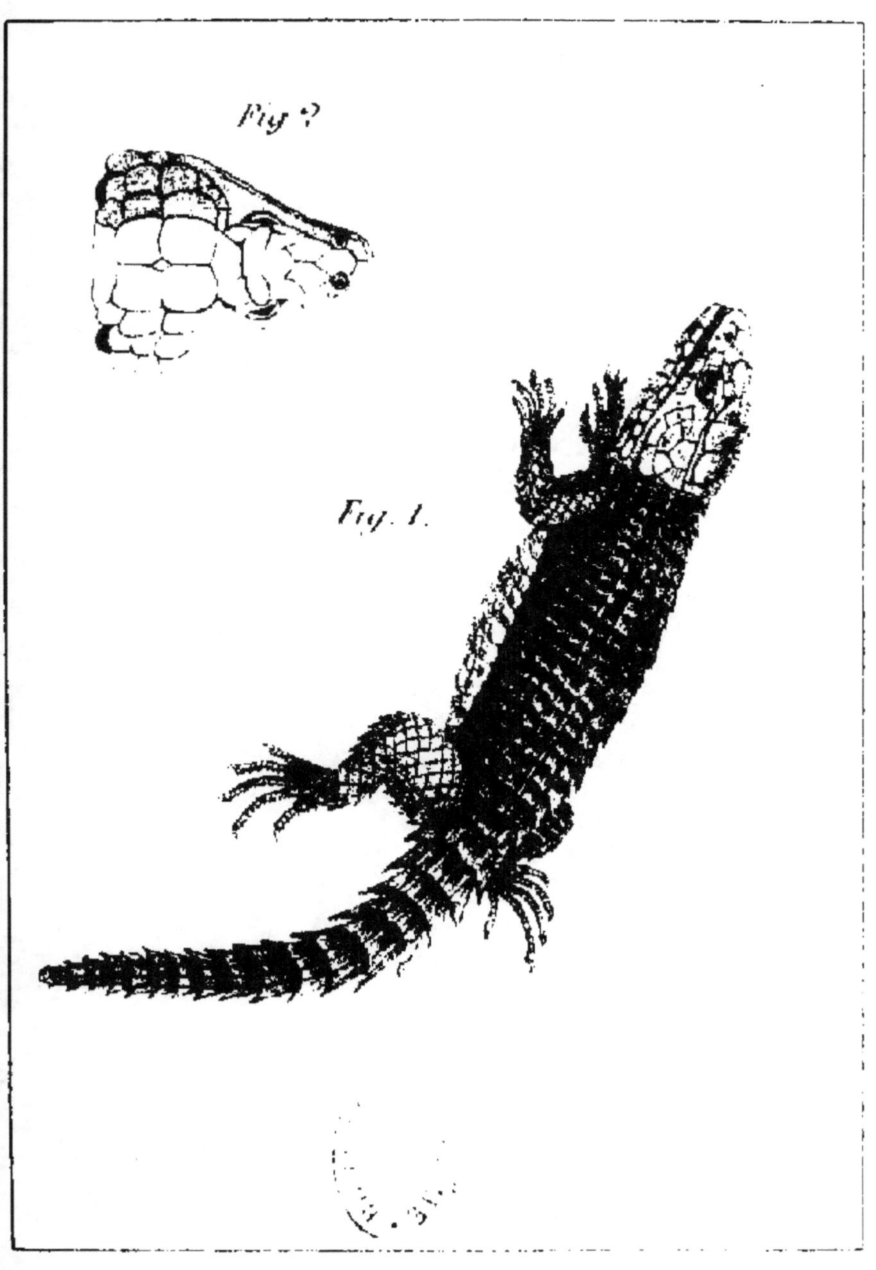

Cordyle du Cap

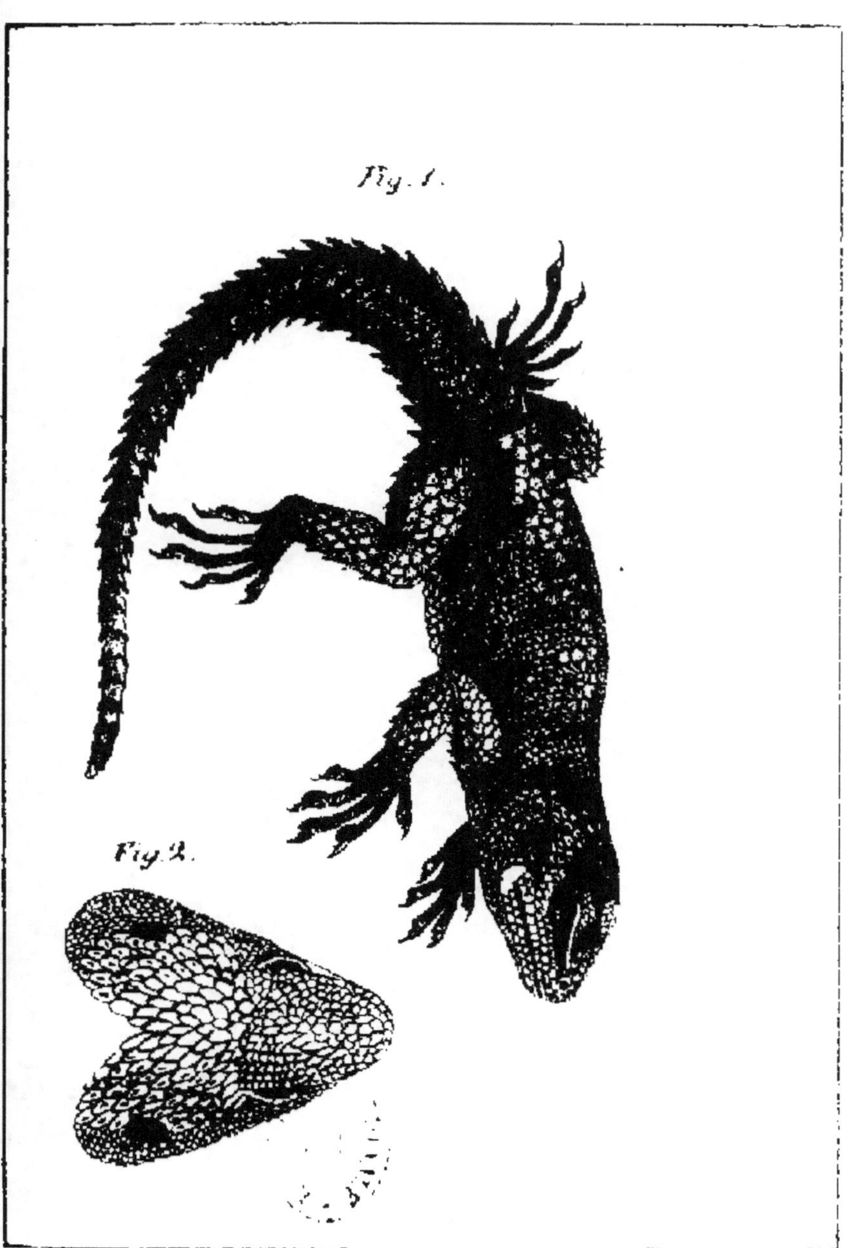

Stellion du Levant

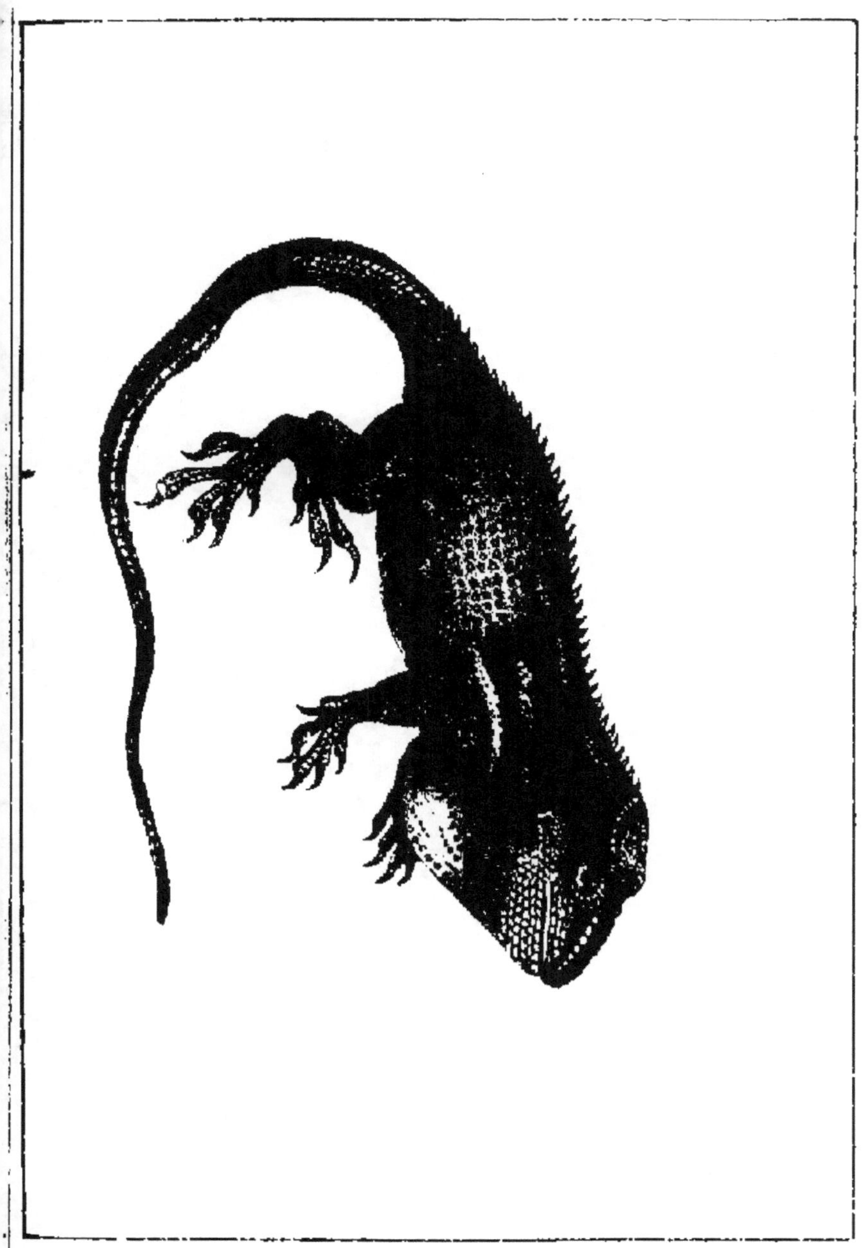

Agame du Port Jackson

Anolis du Cap

Iguane.

Basilic.

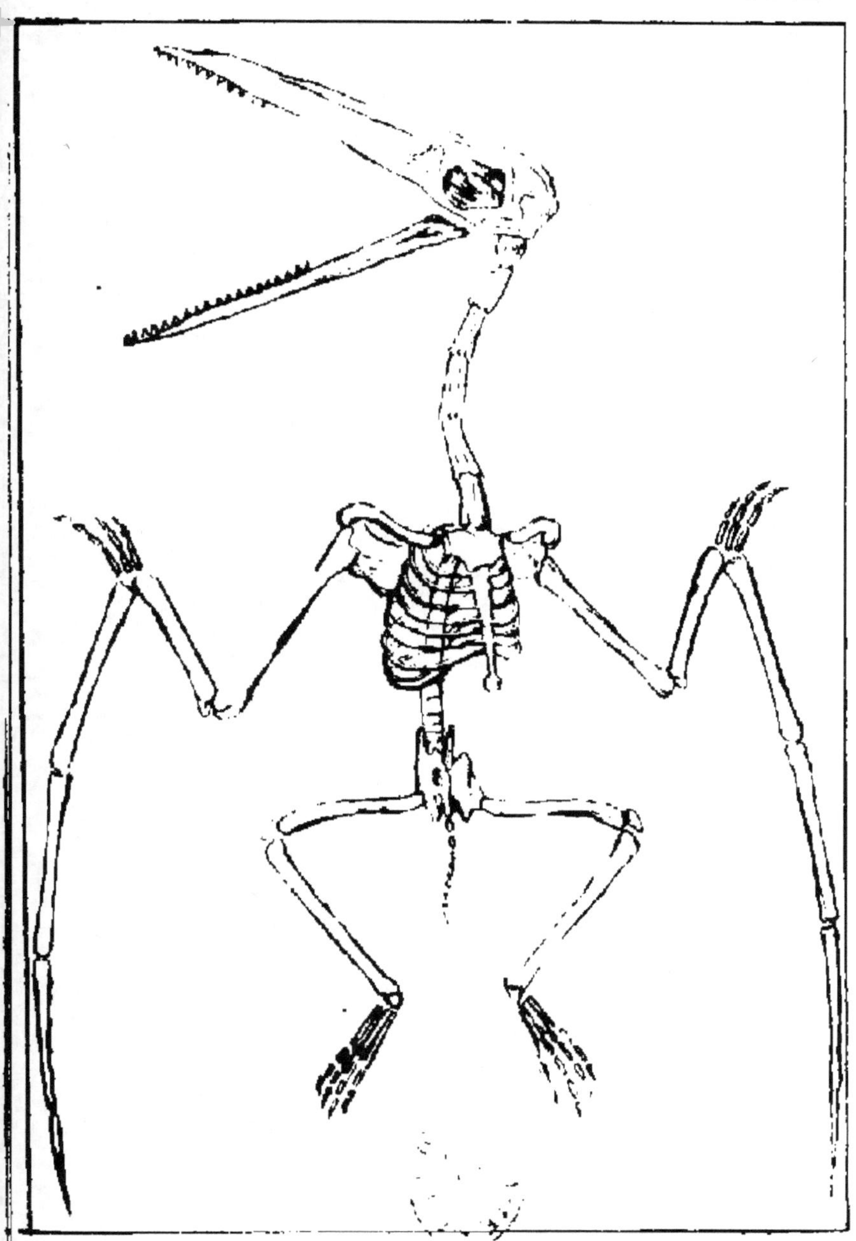

Ptérodactyle.

Dragon.

Fig. 1 Phyllure de Cuvier.
Fig. 2 Scinque des Boutiques.

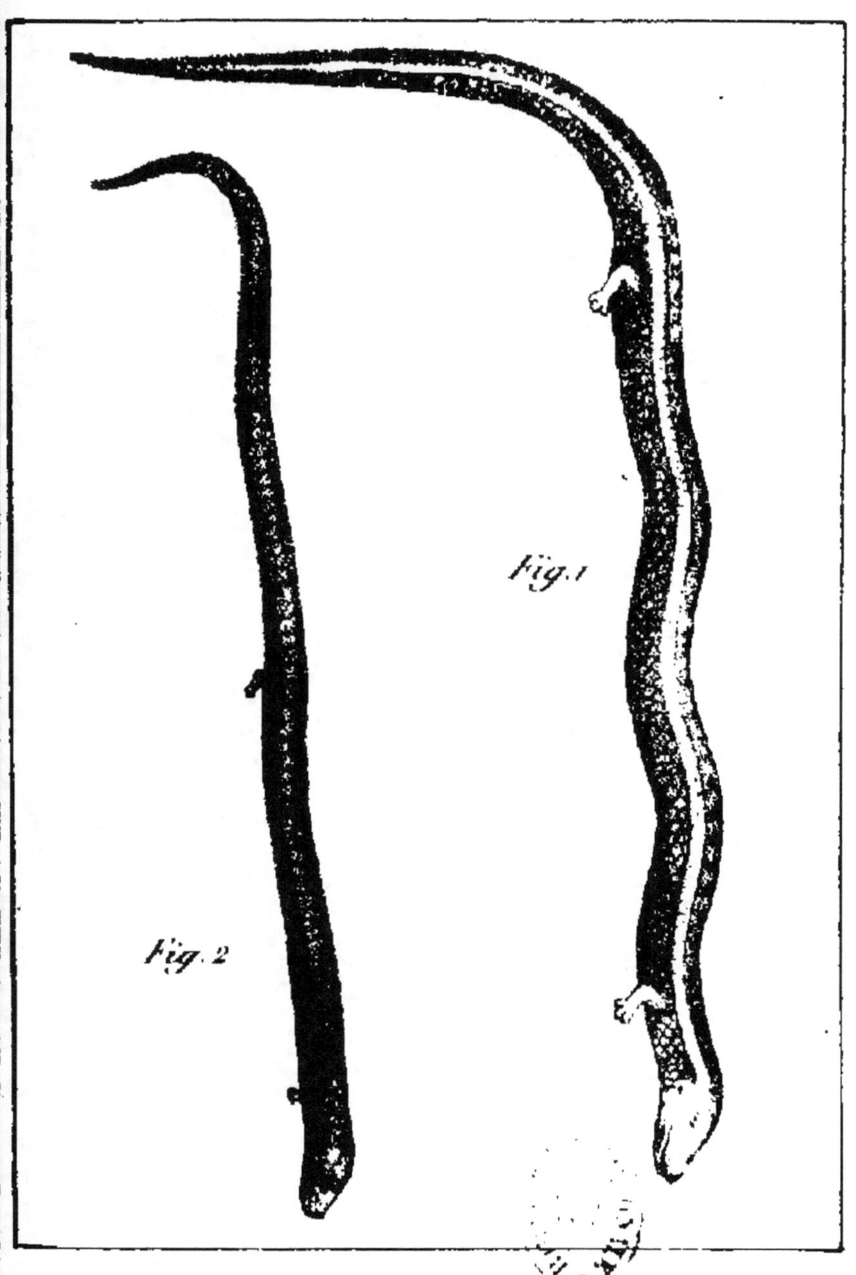

Fig. 1 Le Seps
Fig. 2 Le Chalcide.

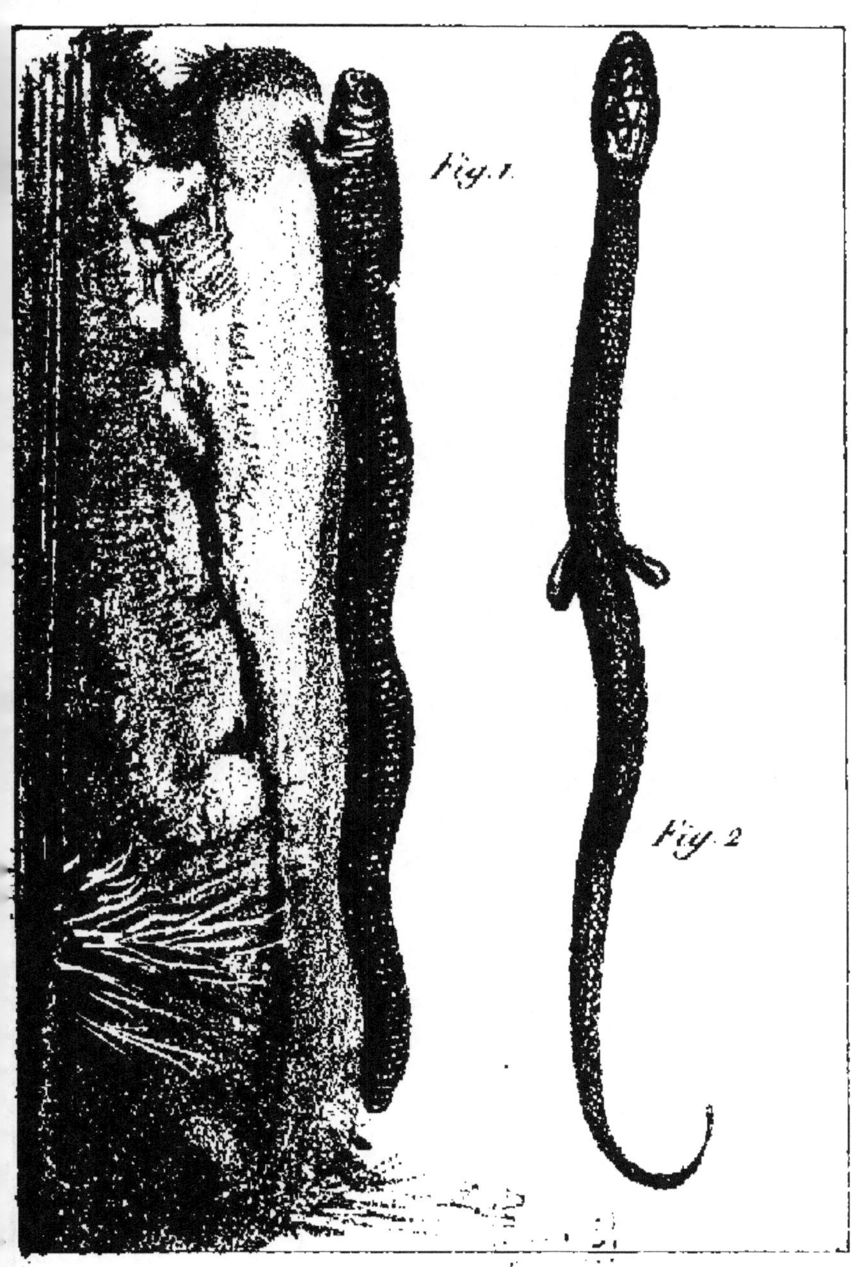

Fig. 1 Chirote mexicain.
Fig. 2 Hystérope Lépidopode.

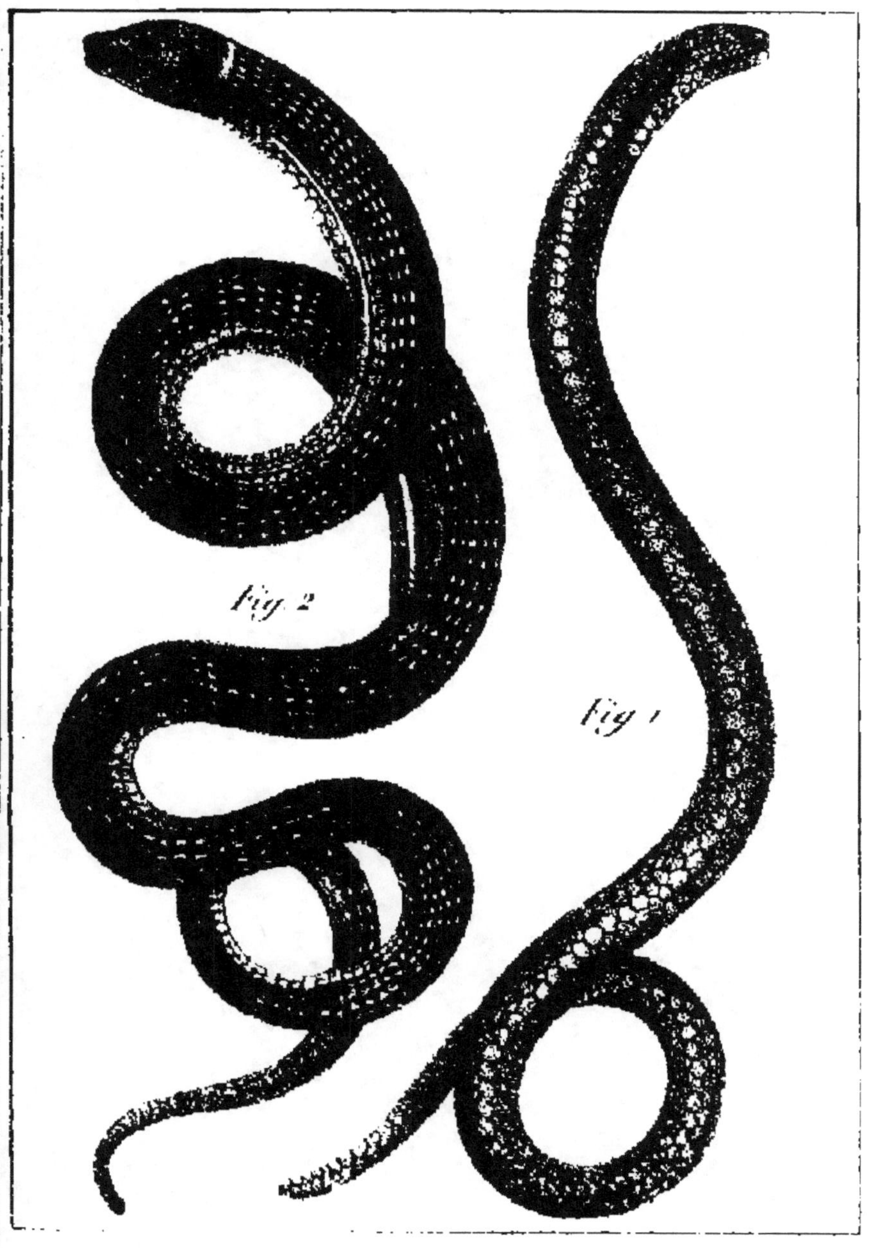

fig. 1. Orvet commun.
fig. 2. Ophisaure ventral.

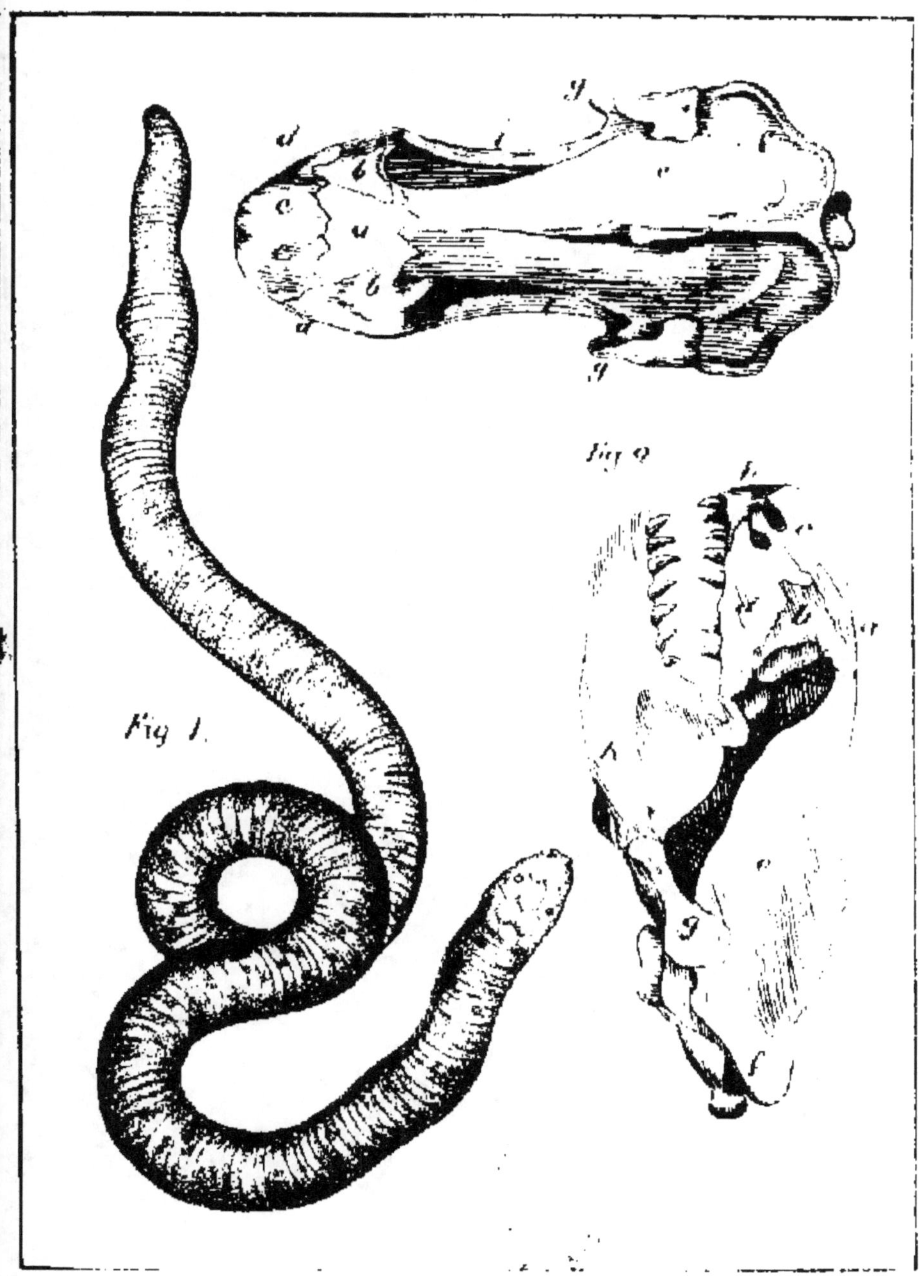

Amphisbène enfumé

Devin ou Boa étouffeur

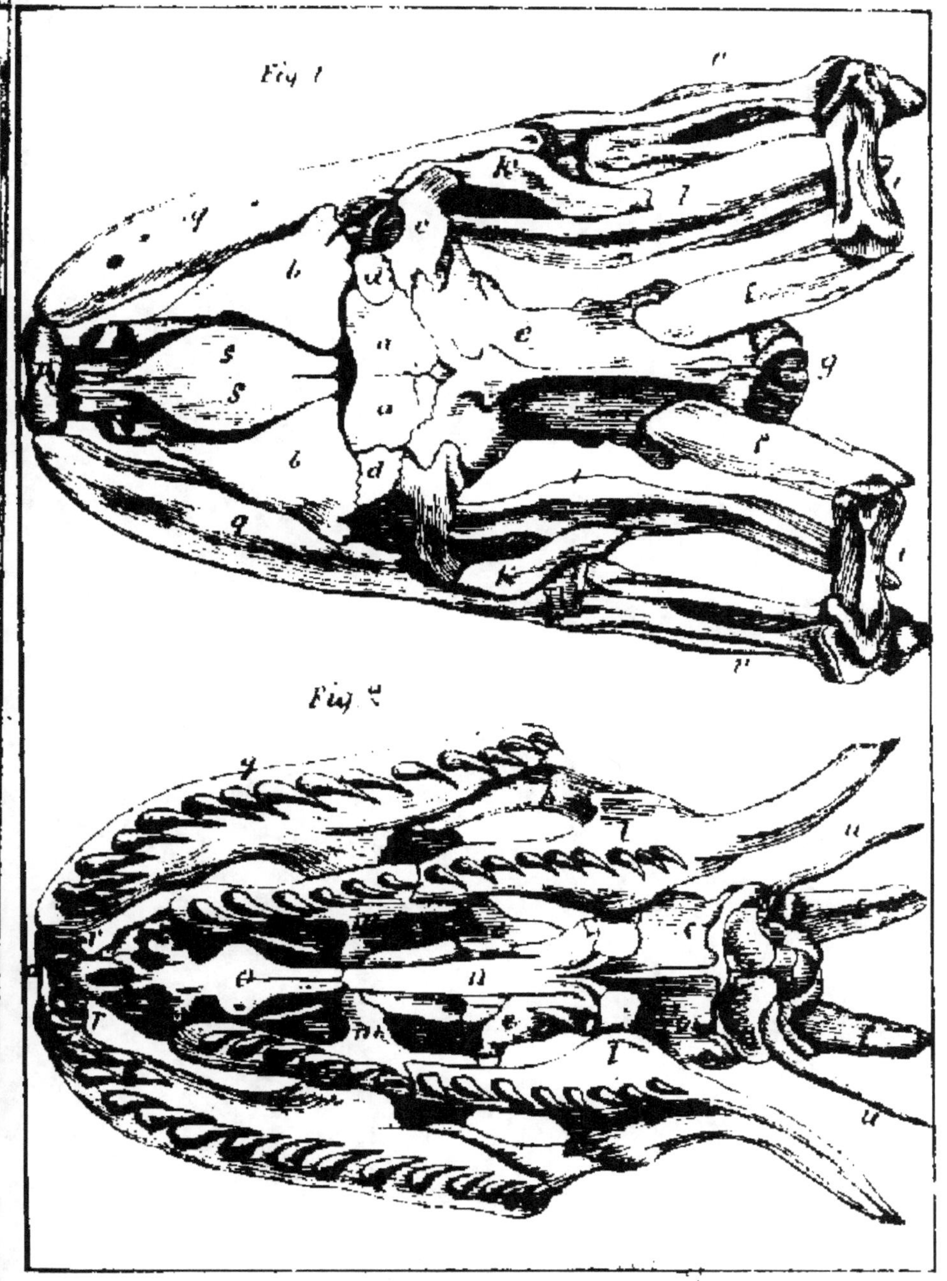

Tête du grand Python.

Erpéton tentaculé.

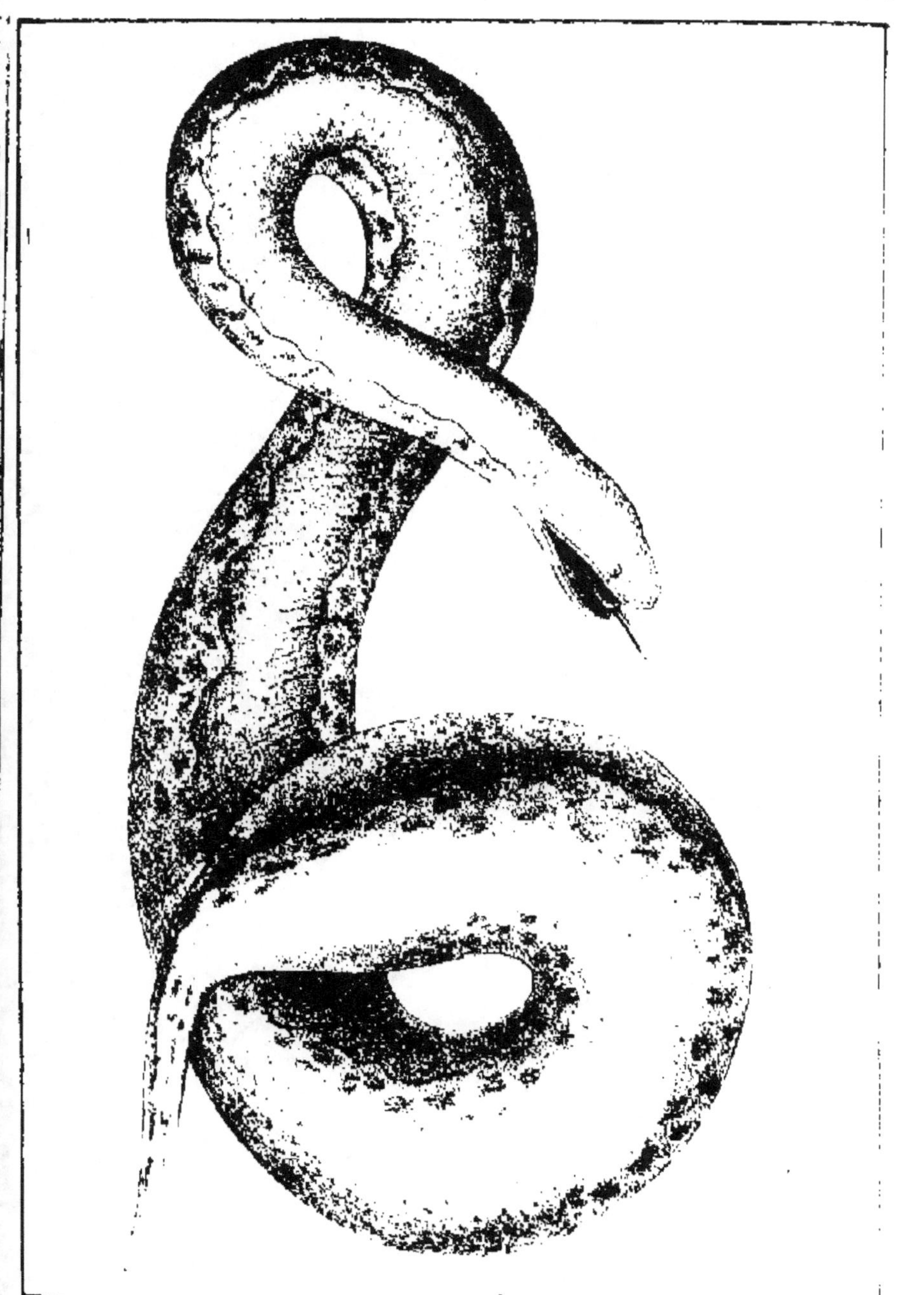

Acrochordé

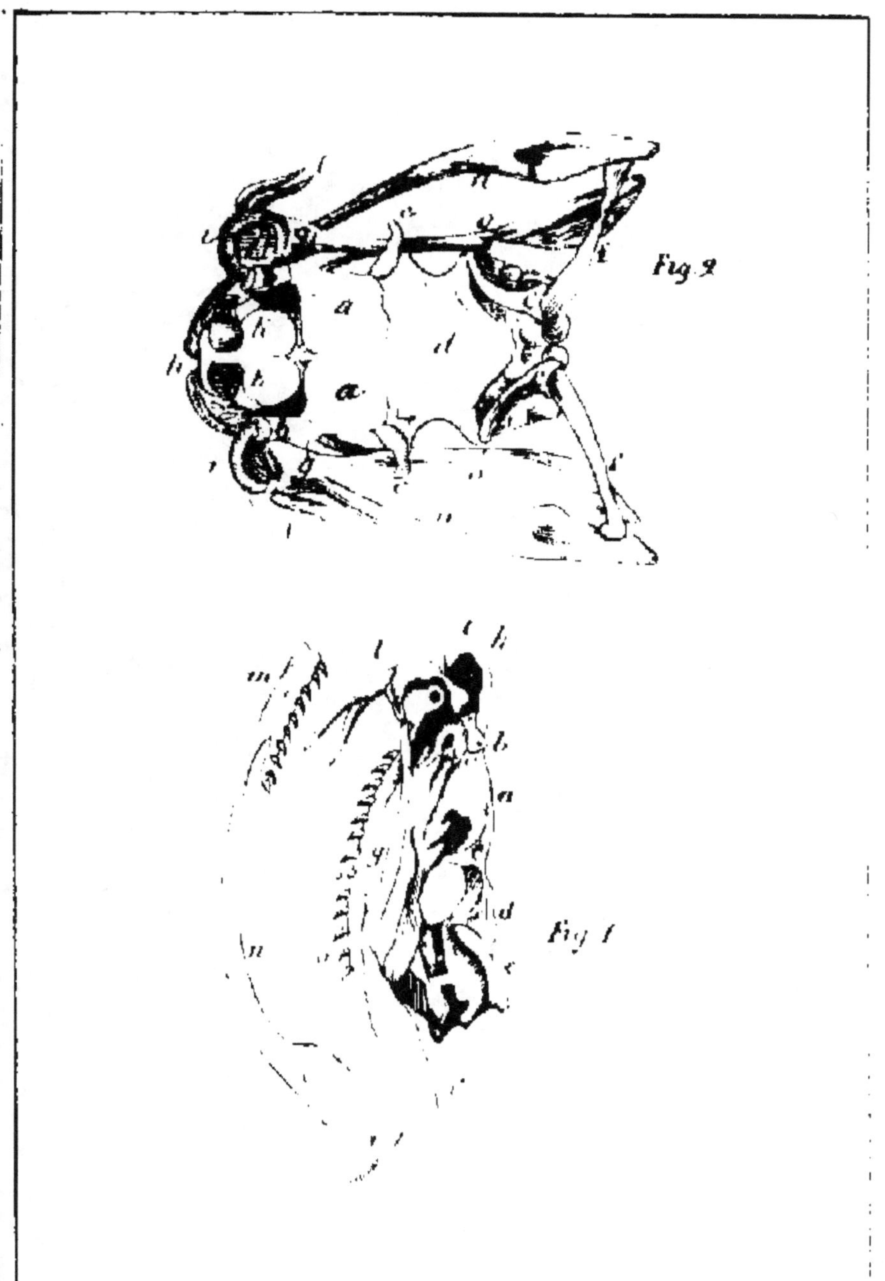

Tête du Crotale Boiquira

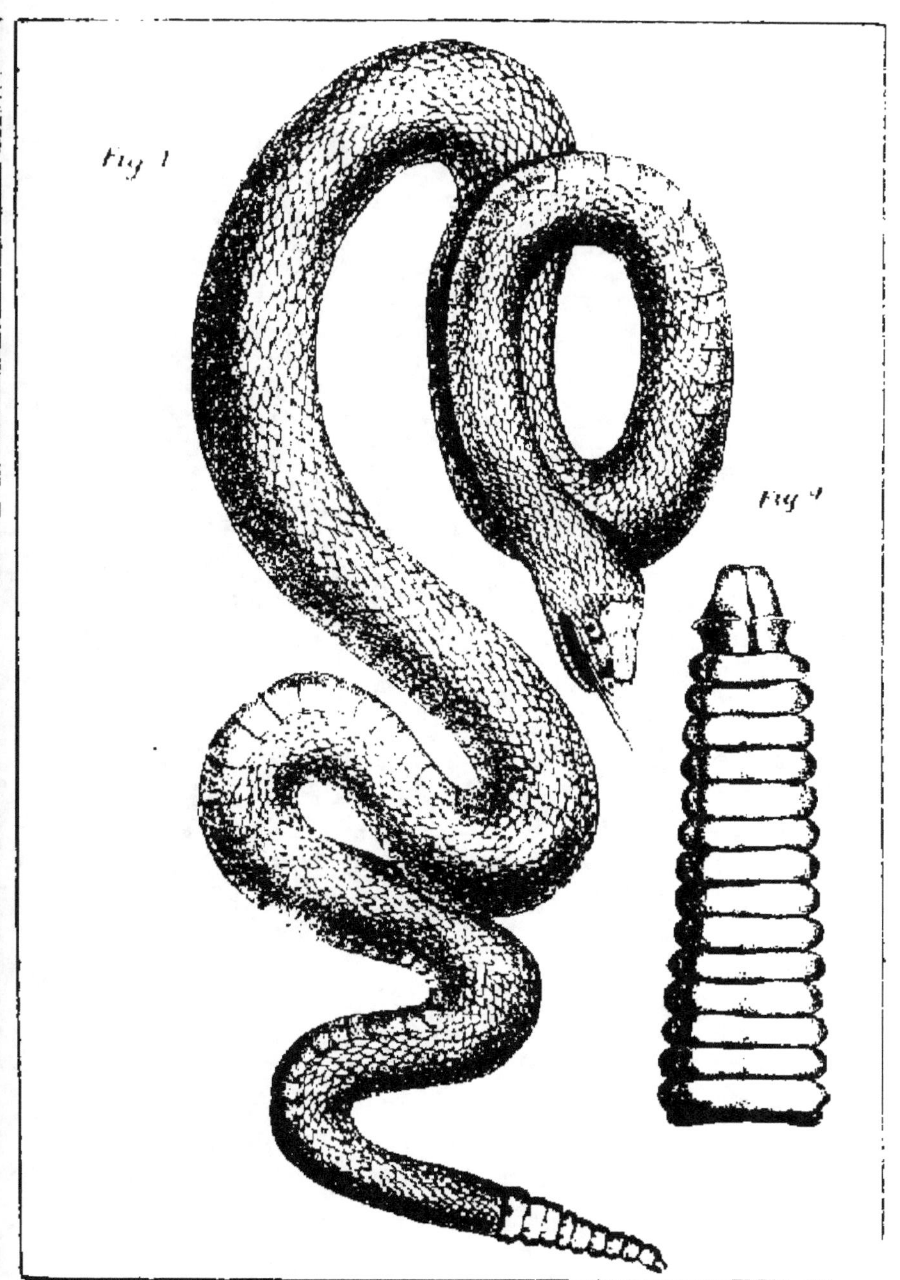

Crotale Drynas ou Serpent à sonnettes

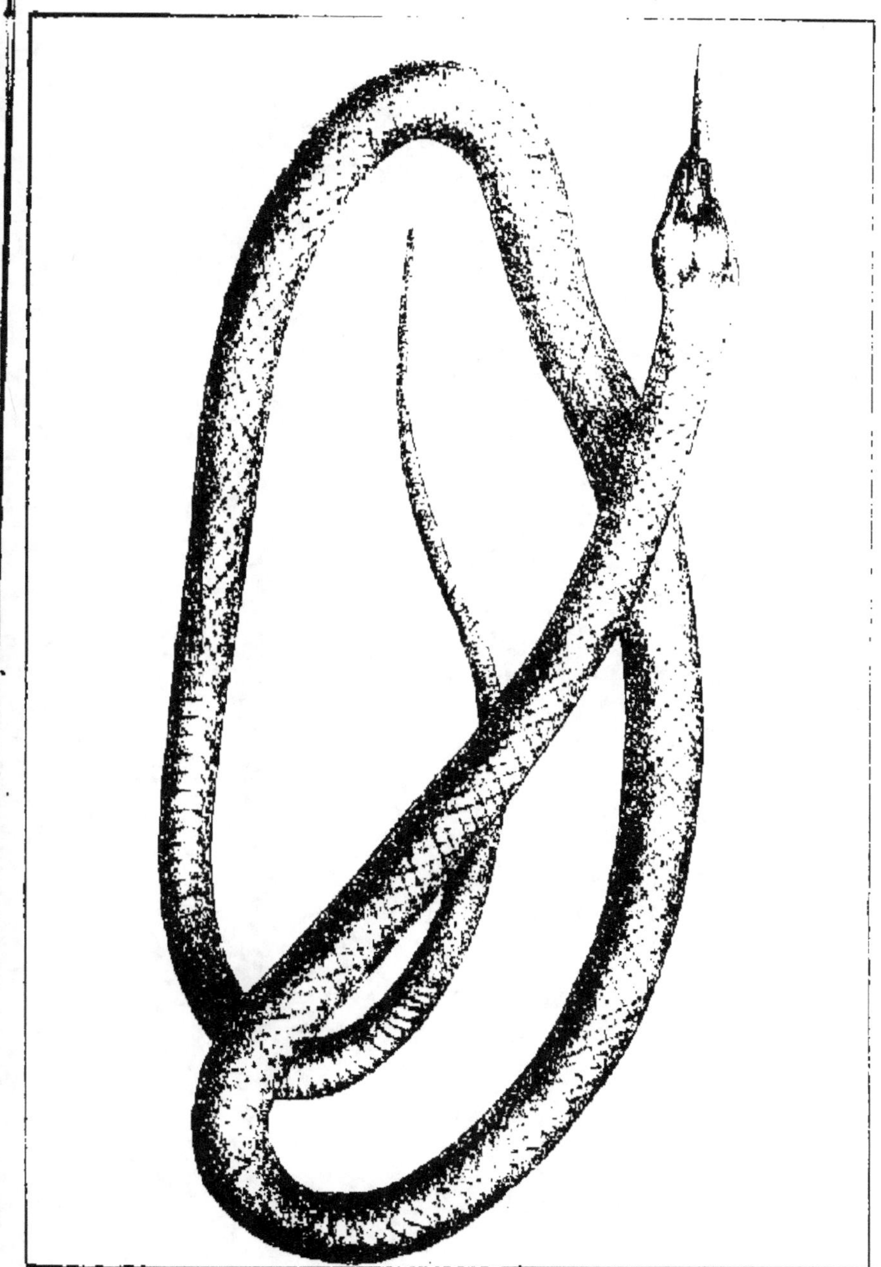

Langaha

Pétamide.

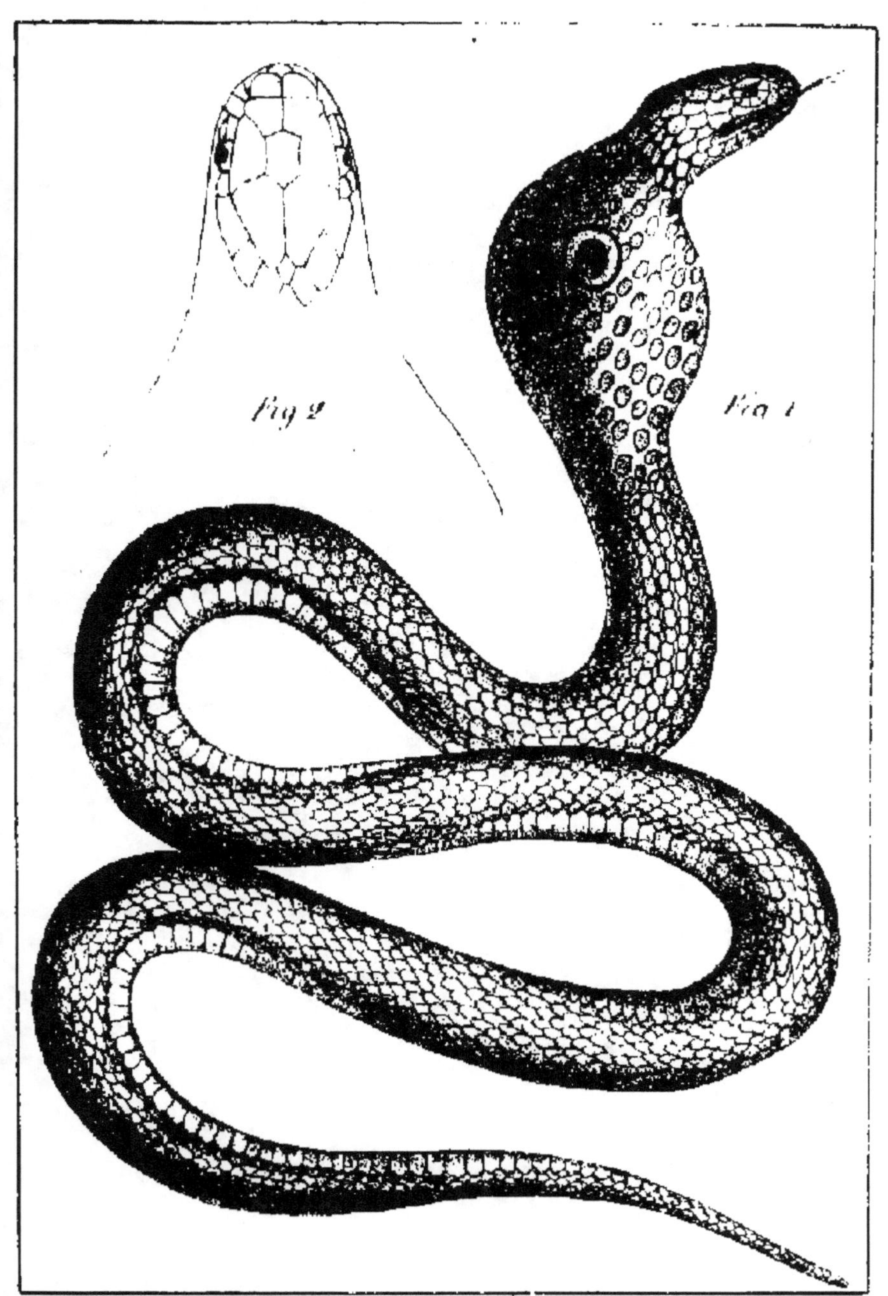

Naja ou Serpent à Lunettes

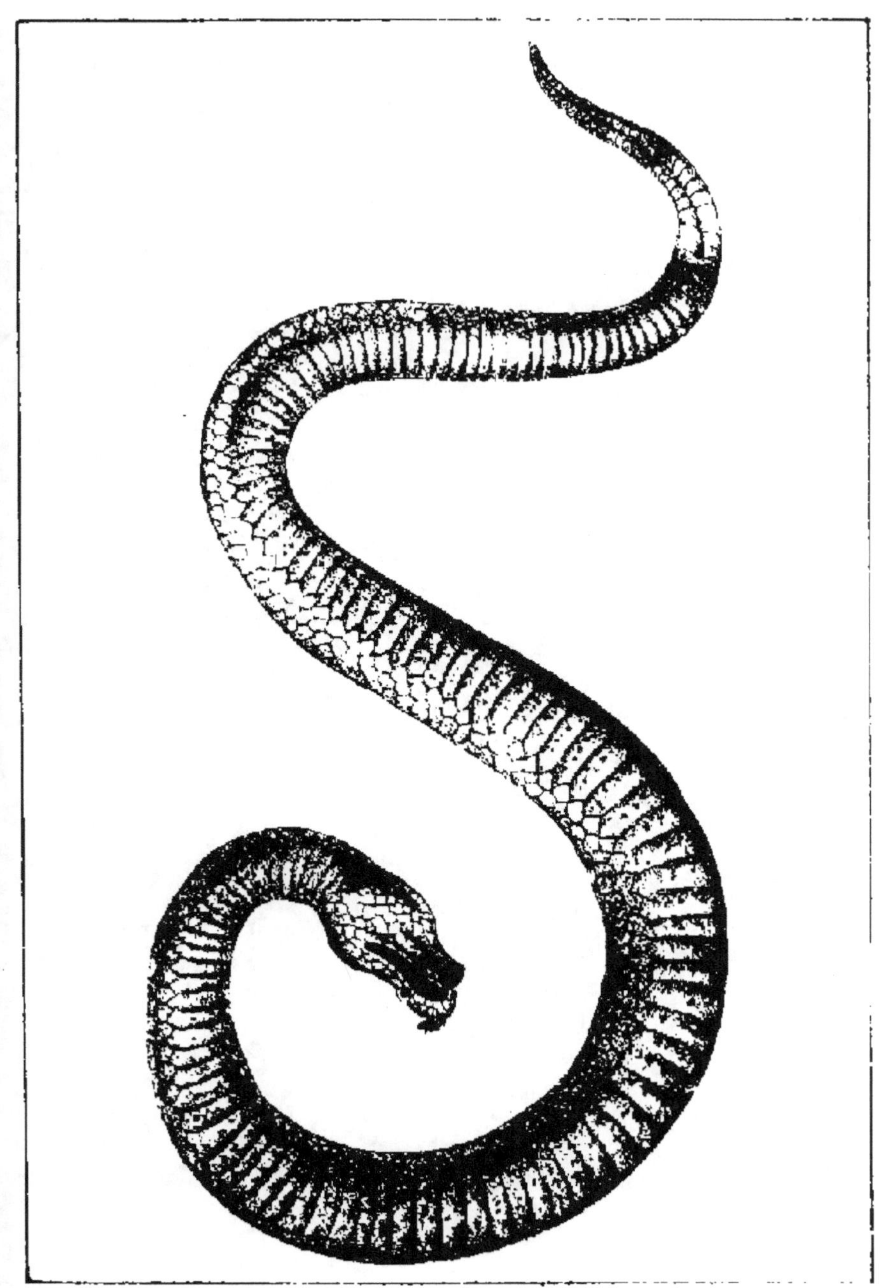

Vipère commune *vue par dessous*

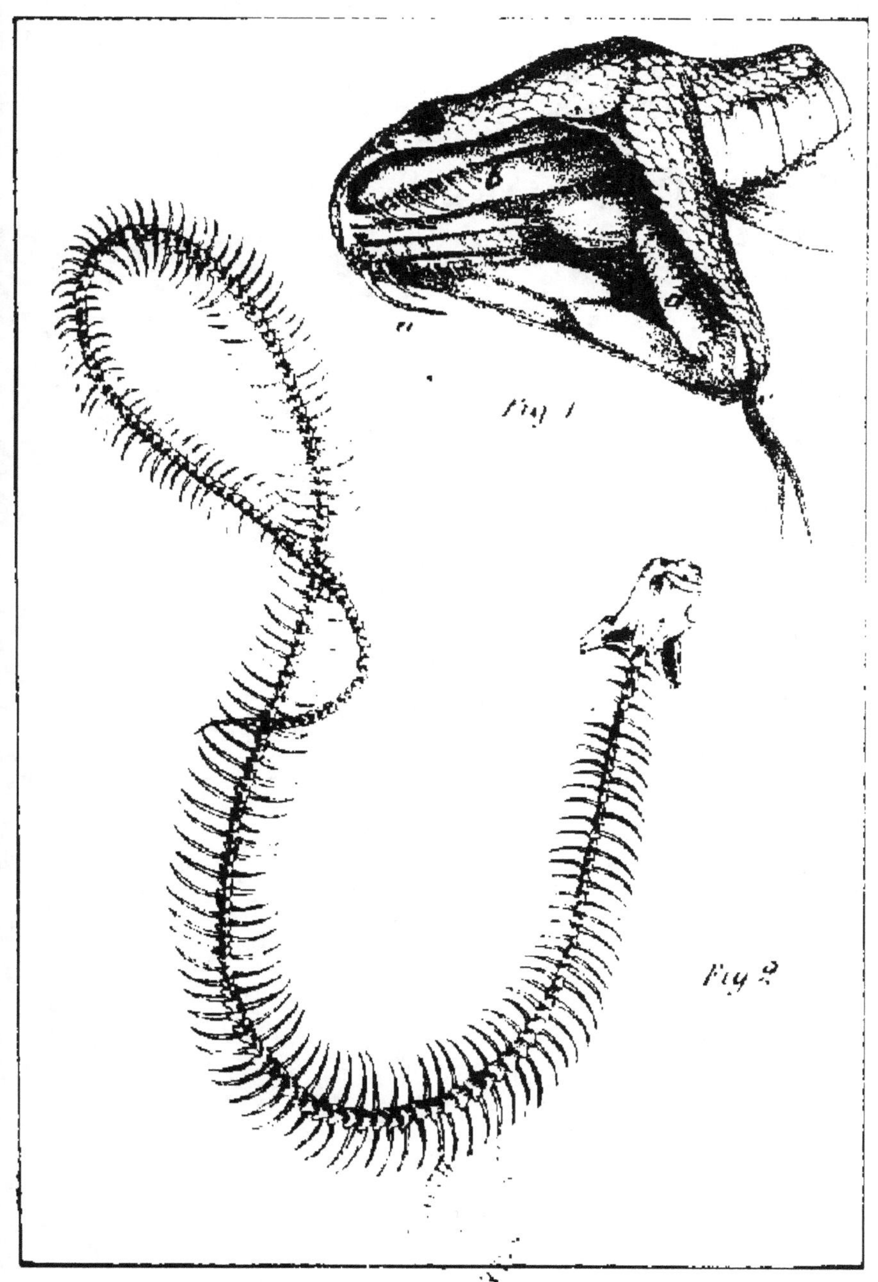

Détails de la Vipère commune

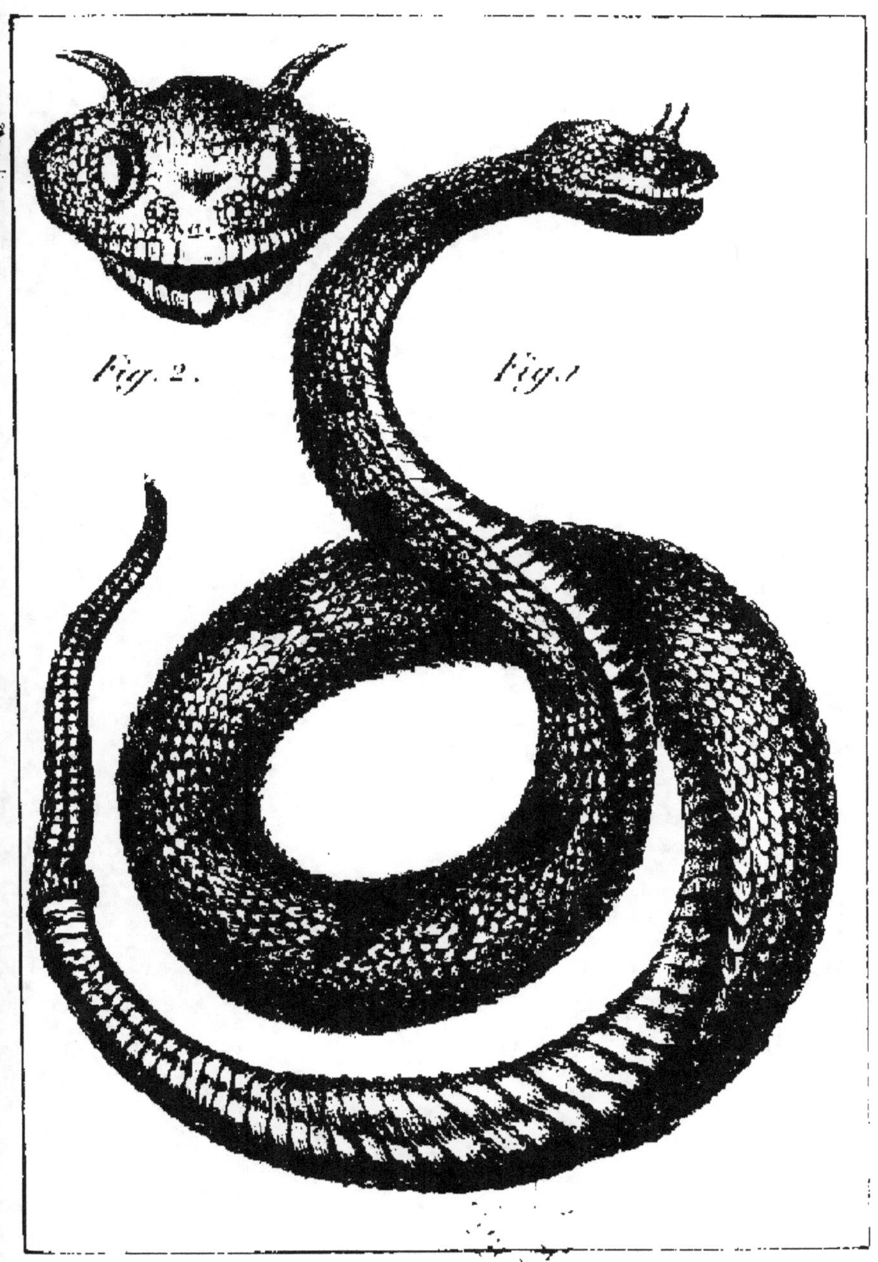

Le Céraste ou Serpent cornu.

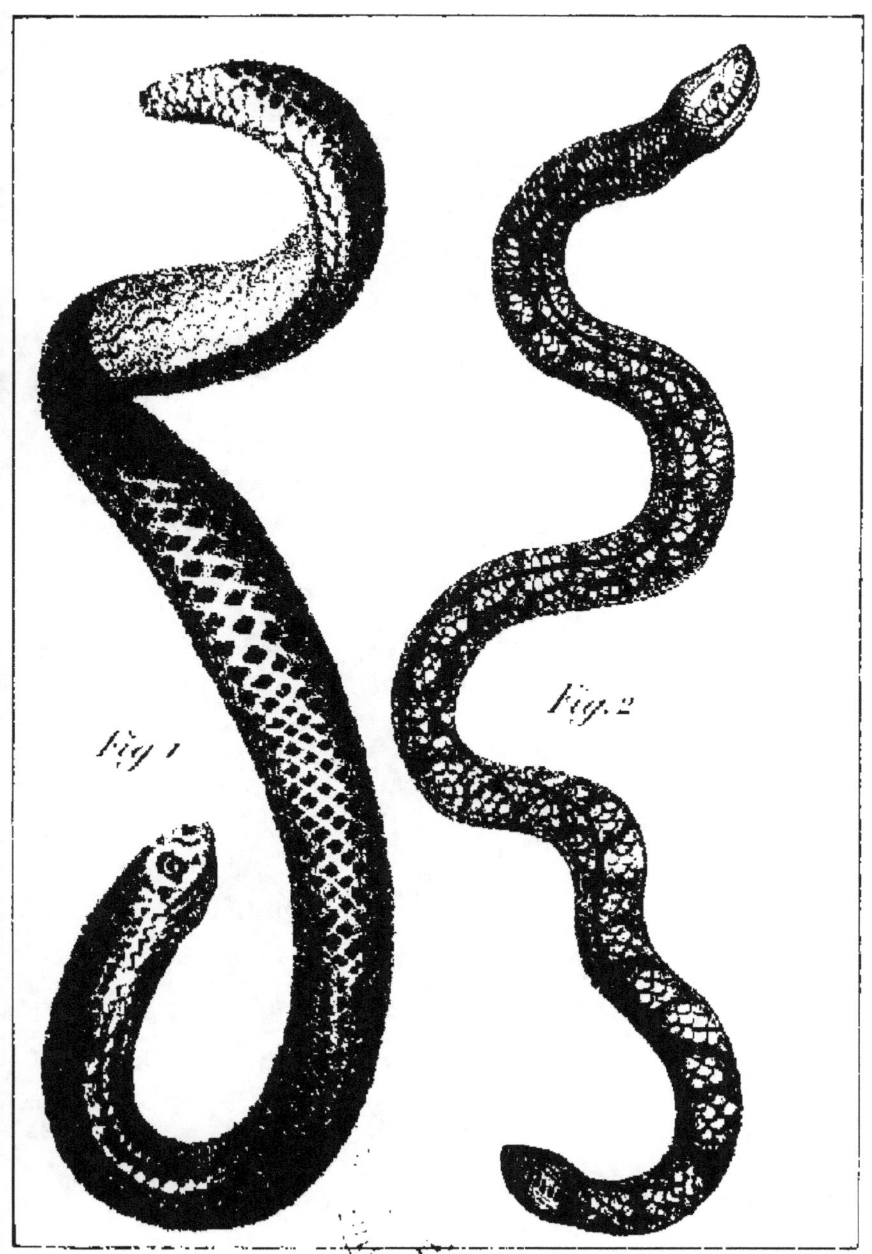

Fig. 1 Typhlops Rézeau.
Fig. 2 Le Miguel.

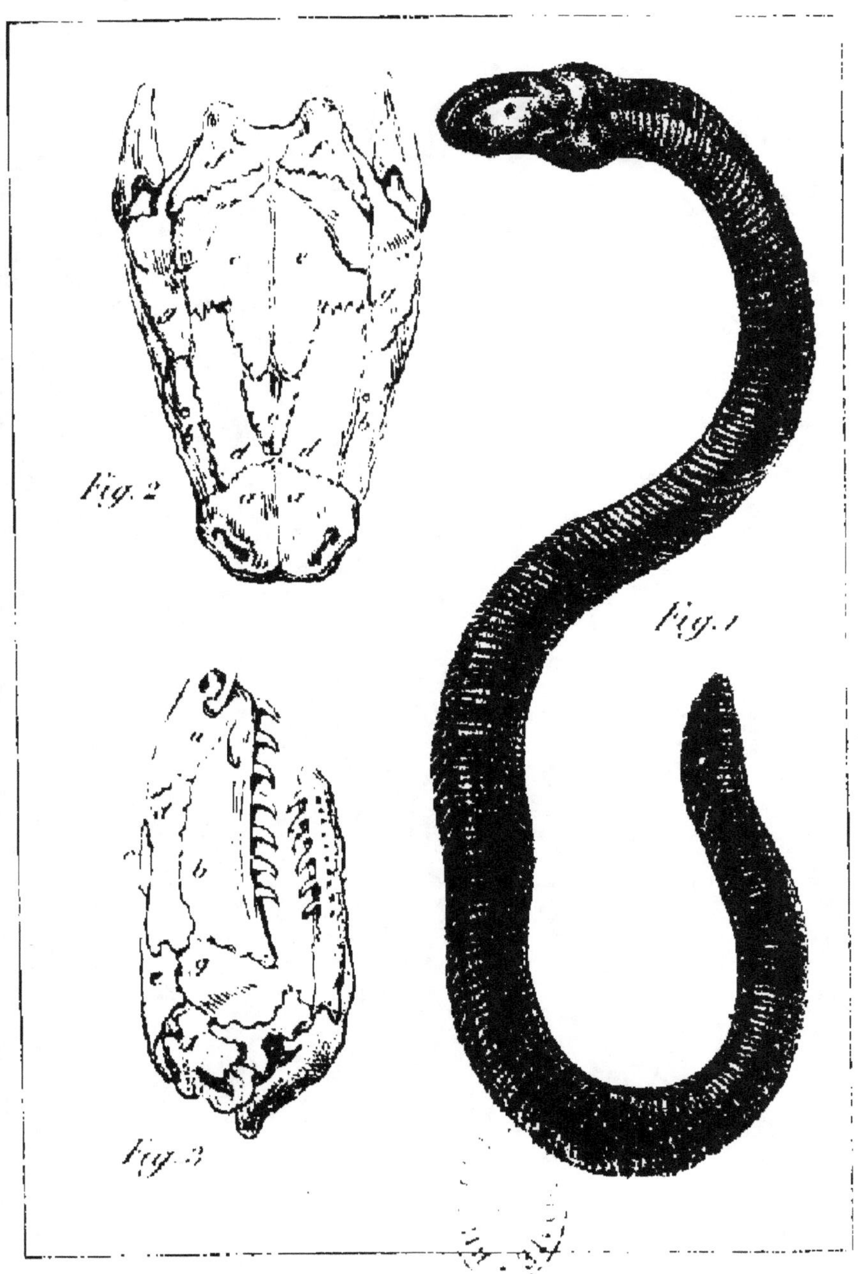

Fig. 1. **Le Visqueux.**
Fig. 2 et 3. **Squelette d'une tête de Cœcilie**

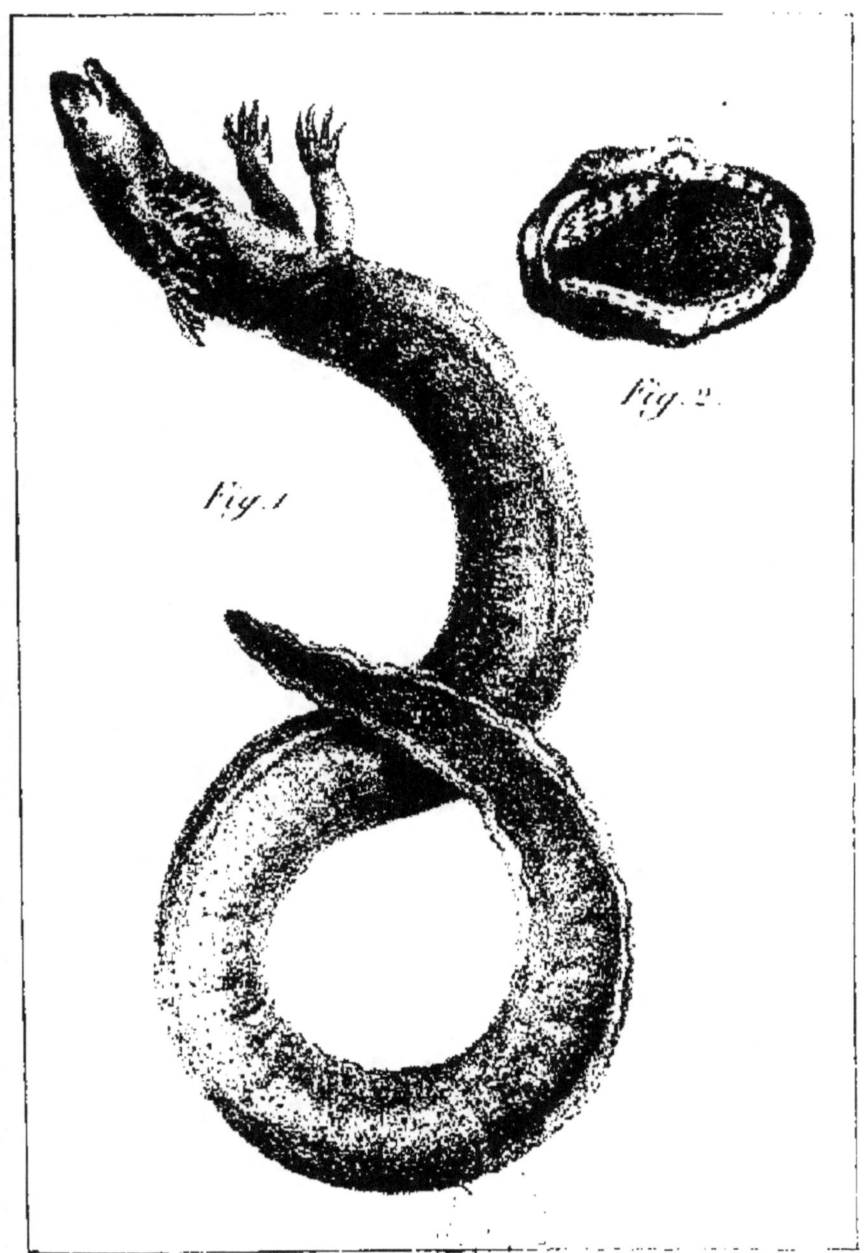

La Sirene Lacertine.

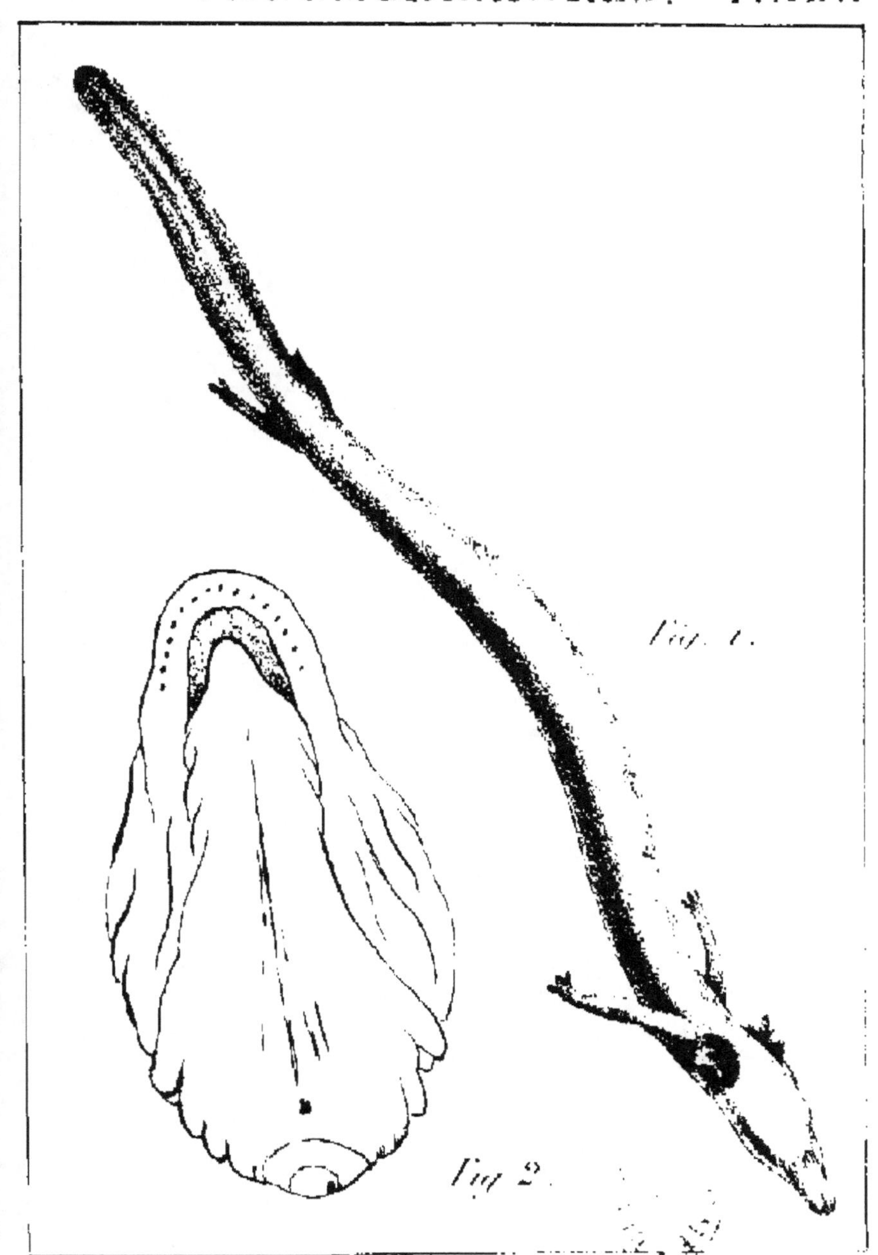

Protée Anguillard.

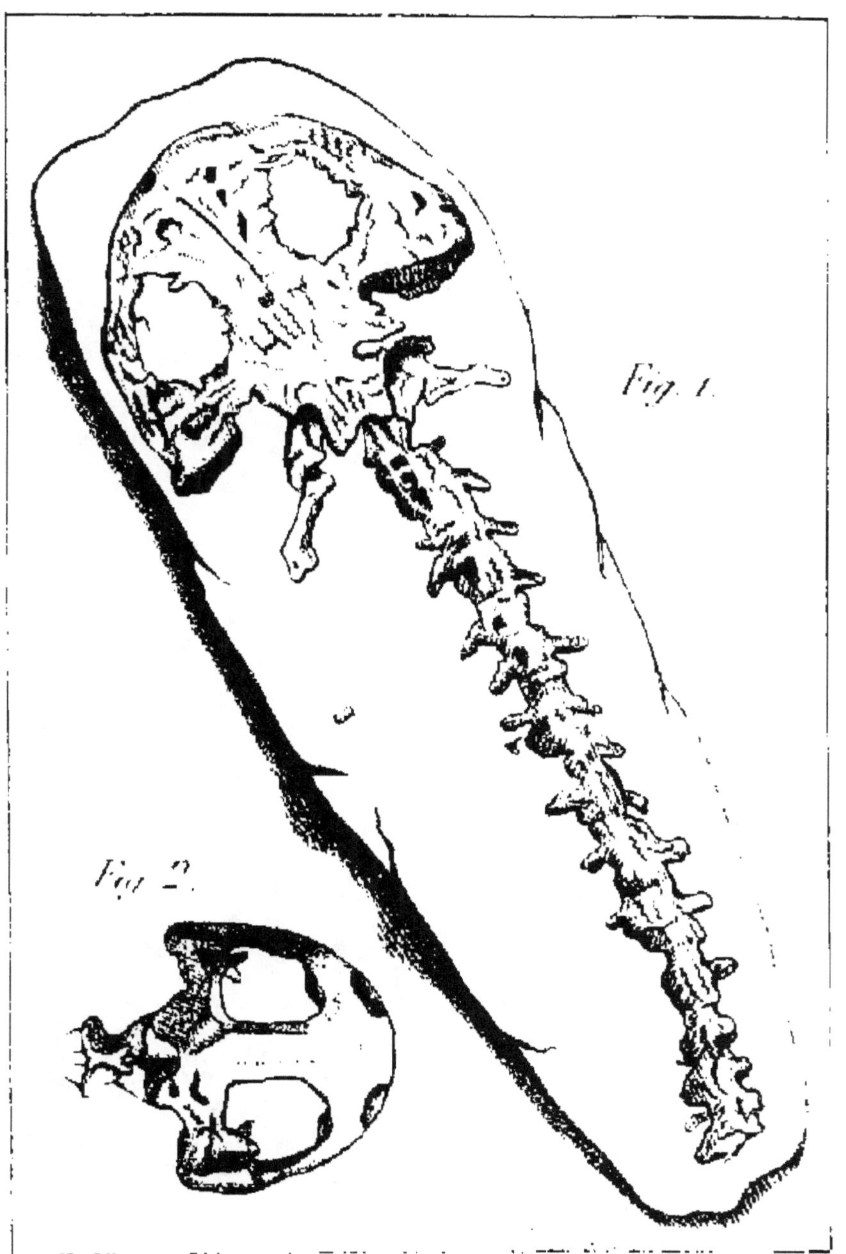

Fig. 1 Protée de Scheuchzer.
Fig. 2 Tête de Salamandre.

Triton à crêtes, mâle et femelle.

Grande Salamandre terestre.

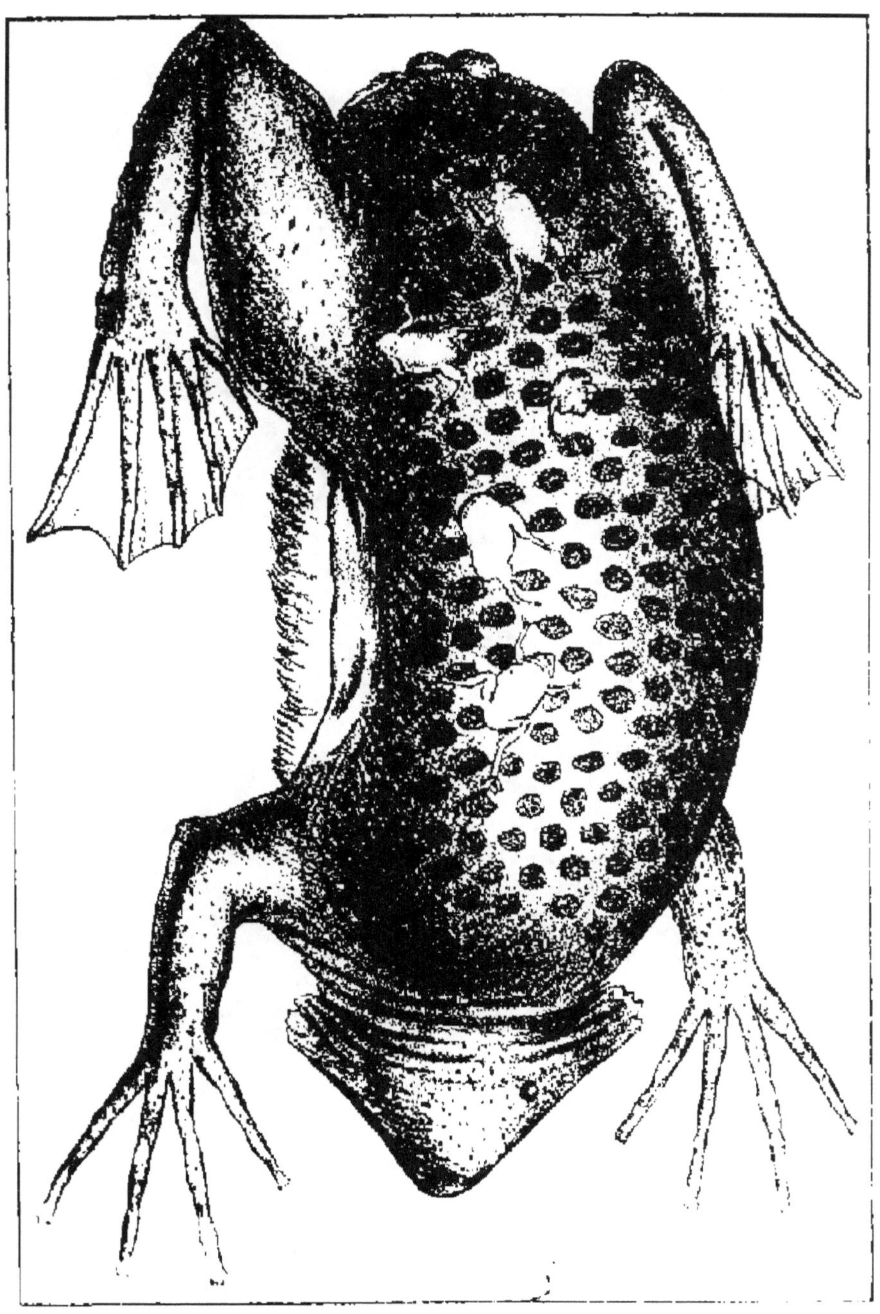

Pipa femelle.

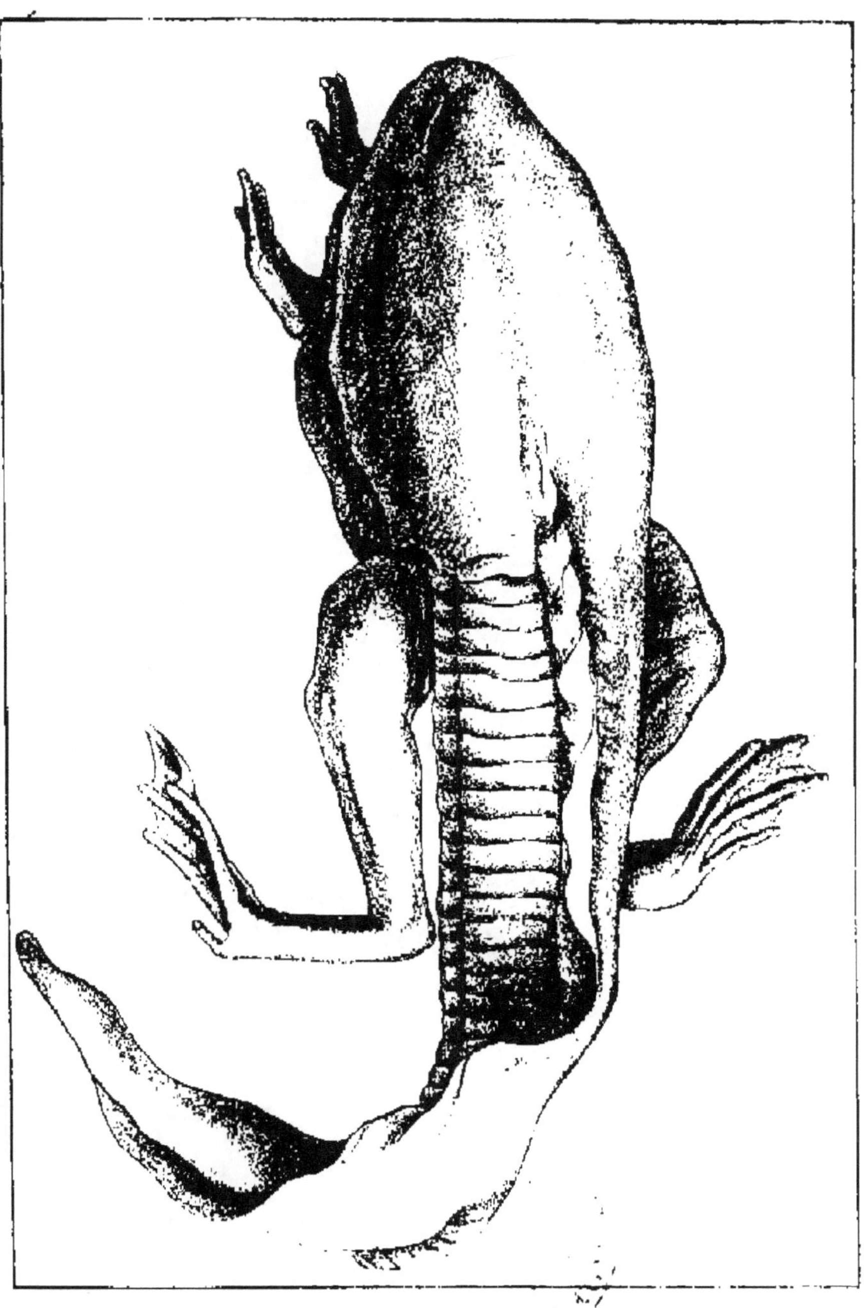

Têtard de la Grenouille Jackie.

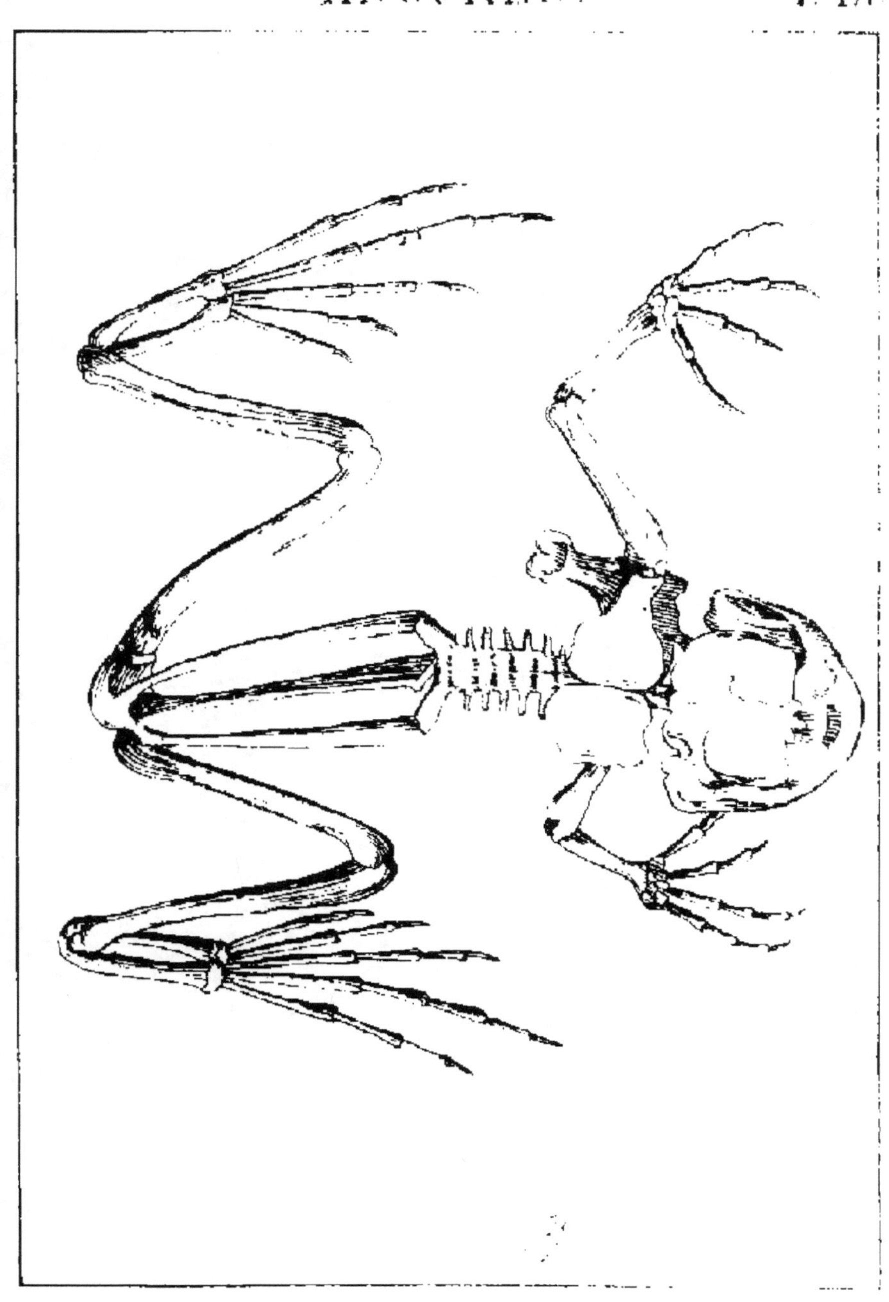

Squelette de la Grenouille commune.

Rainette verte

www.ingramcontent.com/pod-product-compliance
Lightning Source LLC
LaVergne TN
LVHW021843170726
843503LV00003B/1053